LES

EAUX MINÉRALES NATURELLES ALCALINES

LITHINÉES

FERRUGINEUSES ET MAGNÉSIENNES

de

MARTIGNY-LÈS-BAINS

PRÈS LAMARCHE (VOSGES)

LES
EAUX MINÉRALES NATURELLES ALCALINES
LITHINÉES
Ferrugineuses et magnésiennes

DE

MARTIGNY-LÈS-BAINS
Près Lamarche (Vosges)

PAR

Le Docteur A. BUEZ

Ancien interne des hôpitaux de Strasbourg,
Membre de l'ordre de la Légion d'honneur,
de l'ordre de Notre-Dame de Guadalupe du Mexique,
de l'ordre noble de l'Épée de Suède,
de l'ordre du Medjidié de Turquie, etc.,
Membre correspondant de la Société de médecine
de Strasbourg,
de la Société des sciences naturelles de la même ville,
de la Société de médecine du Haut-Rhin,
de la Société de médecine de Nancy,
de la Société de médecine de Rouen,
de la Société académique de la Loire-Inférieure,
de la Société d'émulation des Vosges,
etc., etc.

PARIS

V. MASSON

LIBRAIRE DE L'ACADÉMIE DE MÉDECINE
Place de l'Ecole-de-Médecine
—
1872

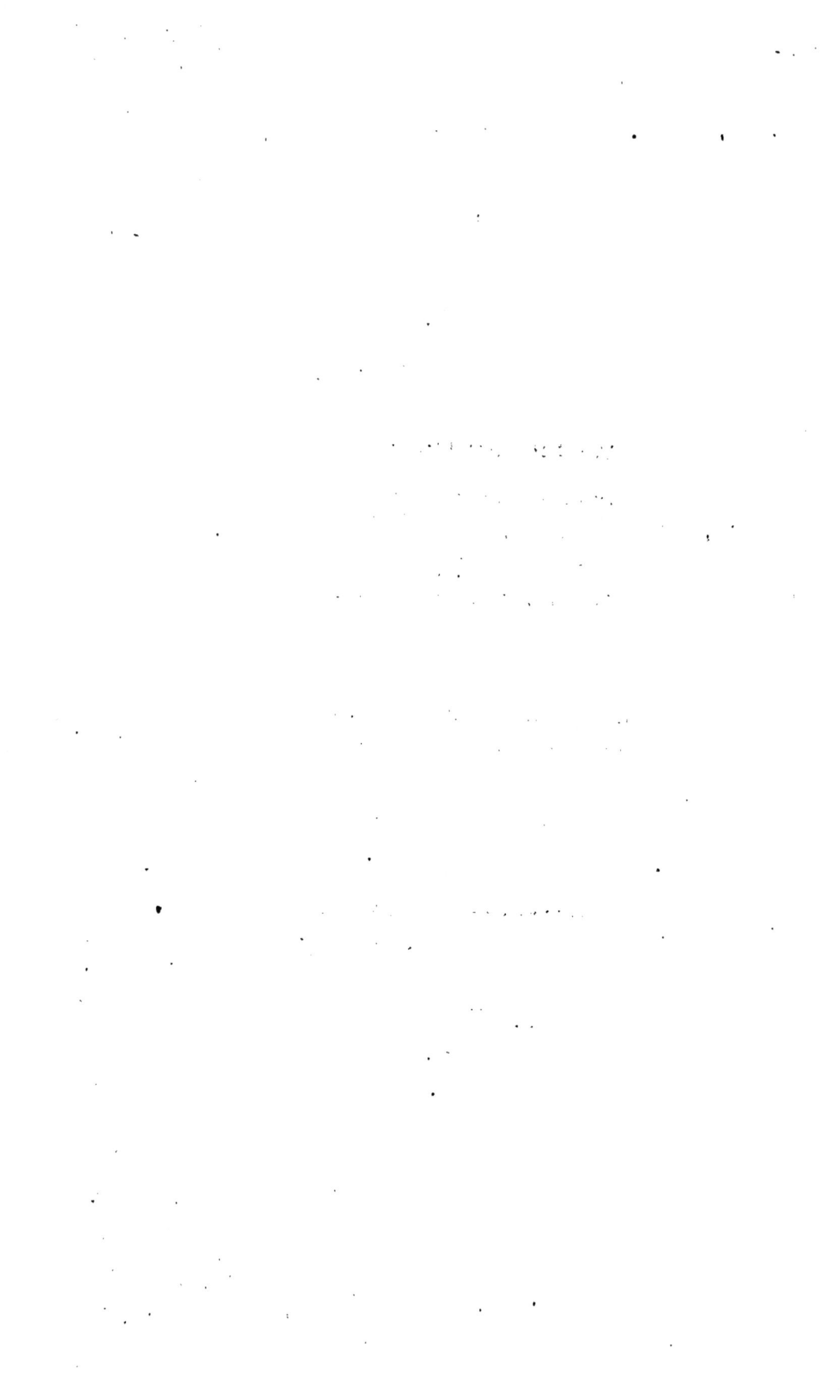

A

M. Ph. RICORD,

Chirurgien honoraire des hôpitaux,
Membre de l'Académie de médecine
(ancien président),
Chirurgien en chef et président des Ambulances
de la presse, etc.,
Grand officier de la Légion d'honneur, etc.

AU MAITRE ILLUSTRE ET CHER
UNE DES GLOIRES DE L'ÉCOLE DE PARIS.

Témoignage de respectueux attachement,

A. BUEZ.

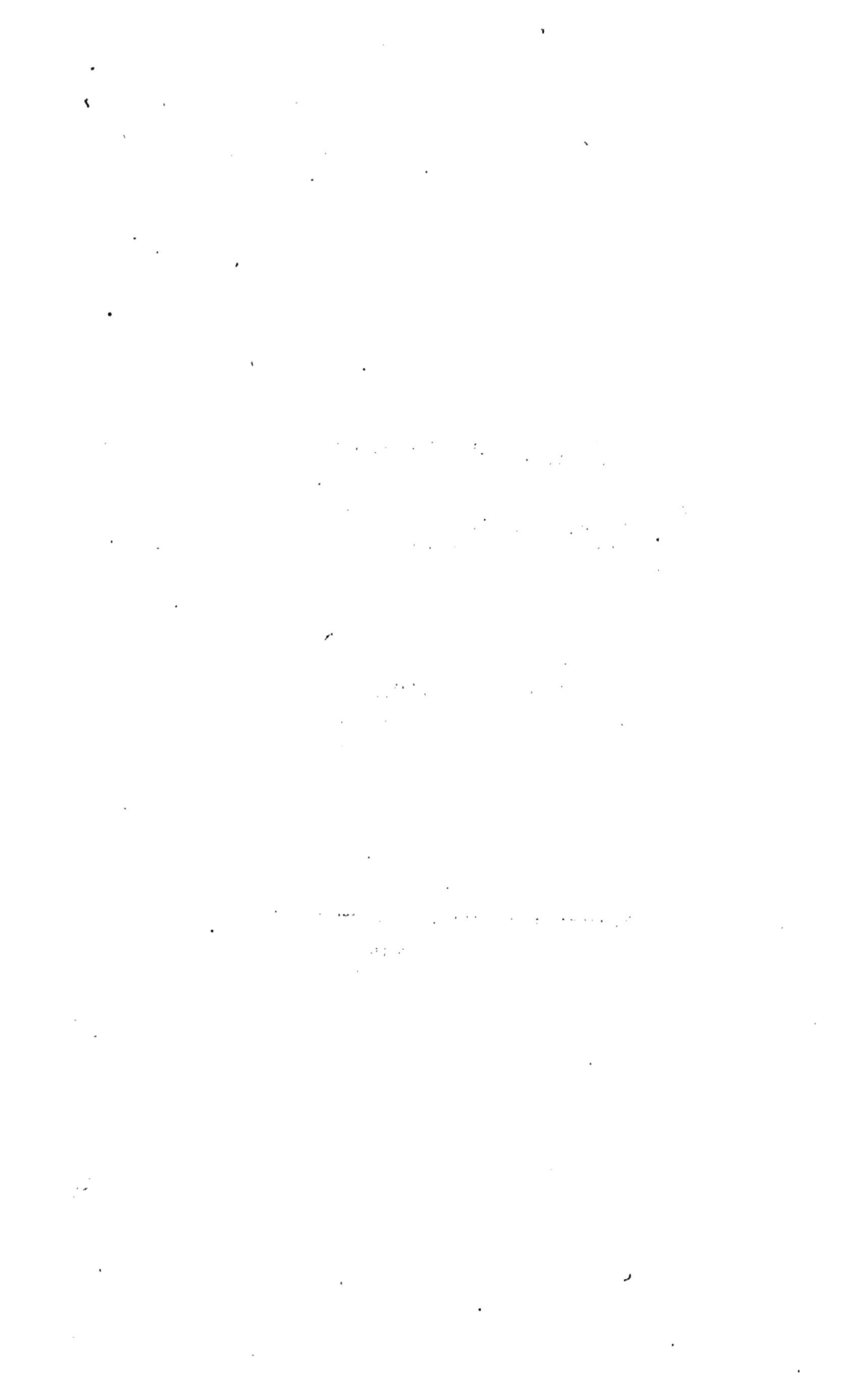

A

M. LE BARON H. LARREY,

Président du Conseil de santé des armées,
Membre de l'Institut de France,
de l'Académie de médecine, etc.,
Grand officier de la Légion d'honneur, etc.

AU SAVANT MAITRE

QUI PORTE SI DIGNEMENT UN NOM ILLUSTRE

Témoignage de respectueux attachement,

A. BUEZ.

AVANT-PROPOS

Cette monographie était entièrement composée au moment où la guerre vint nous surprendre ; la succession si rapide des événements en empêcha alors la publication.

J'ai pu, en conséquence, revoir certaines parties de mon travail, achever le cadre de la plupart de mes observations et en présenter quelques-unes nouvelles, avec commentaires à l'appui.

Je me suis informé avec le plus grand soin de l'état actuel de mes anciens malades, et c'est en parfaite connaissance de cause que je complète leur histoire médicale.

Ce n'est pas autrement qu'il faut procéder pour la thérapeutique hydro-minérale : les *cures* ne peuvent être données comme réelles qu'à la condition d'être durables ; il ne faut donc point se presser de chanter victoire.

On peut dire que, dans le champ des maladies chroniques, les seules qui relèvent du traitement thermal, l'observation implique des conditions infiniment plus complexes que dans le cadre des affections aigües ; on ne peut assurément avoir la prétention d'enrayer les premières aussi rapidement ; ce n'est point dans une saison de *vingt-et-un* jours, puisqu'il faut adopter ce terme si banal et qui nous vient de je ne sais où, qu'on jugulera une affection *totius substantiæ*.

Quelque activité, quelque riche et puissante minéralisation que possèdent nos sources, on ne peut tomber dans cette illusion, ni se leurrer d'un tel espoir.

S'il y a des exceptions, elles ne font que confirmer la règle.

J'ai acquis la conviction, du jour où je me suis voué à la pratique thermale, que l'avenir de la médecine rationnelle était là, et que cette nouvelle thérapeutique , dès qu'elle sera généralisée, dès qu'elle sera passée dans nos habitudes, dominera toutes les autres ; on ne saurait trop répéter que les médicaments préparés par la voie de la nature seule l'emportent de beaucoup sur les remèdes qui sortent de nos officines ; je n'en voudrais, au surplus, comme preuve, que l'extrême infériorité des eaux minérales artificielles sur les eaux minérales naturelles, quoique, chimiquement parlant, les premières soient copiées sur les secondes : il n'y a pas que des éléments chimiques dans les eaux minérales, et l'estomac n'est pas une simple cornue de laboratoire.

L'hydrologie est arrivée, par degrés, à un point de vue très-positif ; les chimistes et les physiciens ont bouleversé nos fontaines saintes, et, là où régnaient jadis des divinités

bienfaisantes, ils nous ont fait voir, non sans
une maligne joie, une eau tout ordinaire,
des sels et quelques gaz. Aujourd'hui, nos
arcanes sont dévoilés; le *produit vivant* de
la terre, le *liquide organique*, la *soude vi-
tale*, la *chaleur propre*, la *tension électrique*,
les *organismes élémentaires*, ne sont plus
que de vains mots, des phrases vides de
sens.

L'esprit d'examen a remplacé la foi aveu-
gle, et le règne des *ondins* est fini. Que le
poëte et l'artiste continuent à évoquer ces
brillantes images, rien de mieux ! Le médecin, l'homme de la science et de la vérité doit
renoncer au commerce des *faux dieux*. L'é-
tude physiologique et clinique doit marcher
de pair avec l'étude chimique proprement
dite.

Les eaux minérales, principalement en
Allemagne, occupent le premier rang parmi
les moyens curatifs, et leur usage est passé
dans les habitudes générales.

Nous n'en sommes pas encore là en
France ; il n'y a encore, chez nous, que peu
de médecins initiés à ce genre d'études, et,
soit par un reste de méfiance, soit par défaut
de connaissances exactes, ils sont peu enclins
à se laisser séduire par la nouvelle thérapeutique.

Voici cependant une époque décisive pour
les stations thermales de la France ; aujour-
d'hui que le patriotisme fait aux médecins et
aux malades une loi de ne plus préconiser ni

fréquenter les établissements d'Outre-Rhin, c'est aux stations françaises qu'il appartient désormais de retenir ce grand courant qui, chaque année, va payer un tribut à l'étranger, d'autant mieux que nos eaux minérales sont aussi puissantes et aussi variées que les eaux minérales de l'Allemagne.

Je serais heureux, pour ma part personnelle, de contribuer à l'édification complète de la médecine thermale dans notre pays et de pouvoir montrer que c'est à ces sources minérales si pures, si bienfaisantes, qu'il faut, le plus souvent, venir demander la santé.

Quel est celui d'entre nous qui, dans le cours de chaque année, n'éprouve le besoin de se délasser, de se refaire pendant quelques semaines? Les allures, les exigences de la vie sont telles aujourd'hui qu'on subit une sorte d'entraînement plus ou moins fiévreux ; le tourbillon des affaires, des plaisirs, vous pousse souvent au delà de vos désirs, et, si vous n'en sortez rompu et *fourbu*, vous n'en portez pas moins, à des degrés divers, l'empreinte ou la griffe des passions qui vous ont agité avec plus ou moins de violence.

C'est alors que je voudrais qu'on s'accoutumât à venir se retremper aux eaux minérales, afin d'y pratiquer, en quelque sorte, un *lavage* général de toutes souillures et de toutes *iniquités*.

Les eaux minérales sont, du reste, de charmants remèdes dont on a pu dire, non

sans raison, qu'ils sont fournis par la mater-
nelle nature pour débarrasser à la fois les
malades des médecins et les médecins des malades.

« Les eaux minérales, disait le vénérable
Patissier, guérissent quelquefois, soulagent
souvent et consolent toujours. »

Paris, mars 1872.

Docteur A. BUEZ.

PREMIÈRE PARTIE

MARTIGNY-LES-BAINS

VOSGES

LES

EAUX MINÉRALES

DU BASSIN DES VOSGES

PAR

Le Docteur A. BUEZ

——➤•❯⊏⊐❮•◀——

Les eaux minérales sont des propriétés qui restent souvent stér.les
entre les mains de possesseurs inha-
biles et inexpérimentés. Elles pour-
raient verser dans nos départements
des produits considérables, si elles
étaient convenablement exploitées.
Ainsi les sources de la santé pour-
raient devenir celles de la richesse.
ALIBERT. Prolégom. Aphorist.

La vérité est un coin qu'il faut
faire entrer par le gros bout.
FONTENELLE.

L'hydrologie a pris, de nos jours, un
rang distingué dans les sciences médicales. Nous sommes loin, sinon par le
temps, au moins par les progrès de l'es-

prit, de cette époque où l'on n'était pas éloigné de faire des *Naïades bienfaisantes* autant de divinités dont l'existence même était un mystère.

Une réaction complète s'est opérée, et l'on pourrait dire qu'il n'est peut-être pas de branches de l'art de guérir où l'impulsion ait été aussi rapide et aussi féconde. Il faut même avouer qu'on a souvent dépassé le but, et que, la mode aidant, on n'a pas assez résisté à cet entraînement. On a soumis *tout* le cadre pathologique à la nouvelle médication, et il n'est pas rare, aujourd'hui, de voir les stations thermales qui sont en possession de la faveur publique, douées des attributions les plus complètes et ne tendre à rien moins qu'à nous alléger de toutes nos infirmités.

Il est bien des gens, même des médecins, sur les lèvres desquels cette prétention amène le léger sourire que Montaigne appelait si bien un *ply de Gascogne*.

Ces vues hypothétiques, ces déductions trop généralisées ne sont pas, en effet, toujours confirmées par l'expérience, et les mécomptes des médecins hydrologues sont nombreux ; aussi, s'engage-t-on, depuis quelque temps, dans une autre voie, et cherche-t-on à spécialiser davantage la thérapeutique thermale ?

Médecins et malades y trouvent mieux leur affaire : ceux-ci en profitant de l'expérience acquise qui est la meilleure des garanties, ceux-là en agissant sur un champ d'observation très-restreint qui laisse à l'esprit plus de liberté et à la main plus de sûreté.

Il est intéressant de rechercher les causes de cette évolution intellectuelle.

Lorsque la chimie ne révélait presque rien sur la composition intime des eaux minérales, on en était réduit à des notions purement empiriques et on renonçait à interpréter des faits insaisissables ; c'était l'*aliquid divinum* des anciens. Avec les progrès de la science, on a pu disséquer le corps de ces sources si bienfaisantes, et des analyses de jour en jour plus complètes sont venues confirmer des idées jusque-là abstraites, et donner plus de satisfaction à l'esprit. Néanmoins, beaucoup de faits, beaucoup de *cures* ne rentraient point dans le mode d'action des substances que l'on mettait ainsi en lumière : il était, et, aujourd'hui encore, il est d'observation qu'on obtient les effets les plus salutaires de sources à éléments chimiques tout à fait insignifiants, tandis qu'on en voit d'autres, à principes très-accusés, ne donner que les résultats les plus médiocres.

Cette insuffisance de la chimie moderne devait amener une nouvelle réaction dans les études thermales ; elle se fit au détriment de l'analyse pure et au complet avantage de l'étude clinique et philosophique.

Toute science naissante doit passer par les phases extrêmes et les agitations, avant d'arriver à une consolidation qui est l'œuvre exclusive du temps. Les Eaux minérales sont des composés complexes, ou plutôt des mélanges de composition très variable, et qui se plient difficilement à une classification rigoureuse.

Les mécomptes devaient assurément être les mêmes dans la voie également exclusive où l'on venait de pénétrer, et il semble actuellement aux esprits les

plus sérieux, et qui ont le mieux approfondi ce terrain glissant, que c'est dans
la sage alliance des deux principes,
que c'est en faisant marcher de front
la clinique et la chimie qu'on arrivera
à fonder la science hydrologique.

Cette dernière vue de l'esprit, cette
dernière tendance acquiert d'autant
plus de certitude que, depuis quelques
années, les moyens d'analyse dont dis-
posent les savants modernes se sont
singulièrement perfectionnés et ont
conduit aux découvertes les plus inat-
tendues et les plus précieuses.

Pour n'en citer qu'un exemple, je
mentionnerai la présence d'éléments
très rares, et en quantité infinitésimale,
dans les Eaux minérales, dont la révé-
lation appartient surtout à·la méthode
ingénieuse du célèbre Bunsen, professeur de chimie à l'université d'Heidelberg ; c'est ainsi qu'il a pu y trouver,
au moyen de *l'analyse spectrale,* le *Cœ-
sium,* le *Rubidium,* et y pondérer des
substances déjà connues, sans doute,
mais dont on n'avait pu découvrir que
des traces, la *Lithine,* entr'autres.

Je m'arrêterai, dans le cours de cette

étude, à cette dernière dont le rôle est des plus actifs, et dont l'action sur l'économie rend précisément compte de vertus restées jusqu'alors inexpliquées, ou mal interprétées de certaines Eaux minérales.

Les médecins anglais et allemands seuls paraissent s'en être occupés un peu longuement, et j'ai pensé qu'il y avait un grand intérêt, au point de vue de la santé générale, à initier le public médical français à cette nouvelle étude.

L'an dernier, j'appelais l'attention de mes concitoyens sur la nouvelle station de Martigny, dont les Eaux minérales sont précisément *lithinées,* et je lui prédisais un bel avenir. Les résultats fournis par la première saison permettent en effet de compter sur un succès durable.

Le bassin pittoresque et opulent des Vosges est déjà si riche en Eaux minérales, qu'on peut se demander si le besoin d'une nouvelle station se faisait réellement sentir.

Pour répondre, jetons un coup-d'œil sur les stations thermales d'outre-Rhin. Il y a, dans la chaîne du Kniebis, par exemple, huit ou dix établissements situés les uns sur les autres; toutes Eaux similaires : *Gazeuses et ferrugineuses;* ce sont : Rippoldsau, Petersthal, Griesbach, Freyersbach, Antogast, etc.

La situation de tous ces établissements est des plus prospères; tous, une fois la saison venue, regorgent de malades.

J'en vois surtout la raison dans ce fait que tous vivent en très bonne intelligence, et fonctionnent, en quelque sorte, en commun : mêmes moyens de transport, d'approvisionnement, même publicité pour les uns et les autres.

Comme l'on est loin de là, en France, sous tous les rapports! Que l'esprit français est tout autre! Oui, et cet aveu est assez triste, nous avons une tendance, en pareille matière surtout, à nous laisser aller au dénigrement, à la jalousie, à l'envie!

Eh! mon Dieu, n'y a-t-il donc pas place au soleil pour tout le monde? Mais il me paraît surtout résulter de cette agglomération de stations thermales dans un même rayon un afflux plus considérable de malades, un véritable appel de richesse et de prospérité pour le pays ; c'est un accroissement forcé et notable de cette population flottante qui est le véritable élément de vitalité pour toutes les contrées douées de naïades bienfaisantes.

Que si l'on veut appliquer ces idées au bassin qui nous intéresse plus particulièrement, c'est-à-dire au bassin des Vosges, on y trouvera, sous ce rapport, la confirmation complète de ce que je viens d'avancer.

Contrexéville jouit, à juste titre, d'une grande réputation ; celle-ci est des plus légitimes, car elle est consacrée par le temps et l'expérience ; ses Eaux ont fait leurs preuves ; la tradition, la légende ont affirmé leurs vertus. Cette belle station n'a donc à redouter aucune rivalité ; elle ne peut qu'espérer voir encore s'agrandir son succès. Aussi, comprendrait-on fort peu l'espèce d'ostracisme dont elle voudrait peut-être frapper ses voisins et le monopole exclusif qu'elle chercherait à s'attribuer ?

Si j'en crois les mémoires publiés

par le regretté propriétaire de Vittel,
M. Boulomié, cette dernière station
aurait été souvent en butte aux attaques de Contrexéville, et cependant les
eaux de Vittel ont aussi fait leurs preuves, et certes, elles n'ont rien à envier
aujourd'hui à celles de Contrexéville.

L'an dernier, c'était Martigny qui
s'élevait dans le même voisinage, et
qui venait aussi réclamer sa place, en
faisant sonner assez haut une précieuse substance, la *Lithine*, renfermée
dans ses eaux, substance qu'on ne
rencontrait point, ou que fort peu,
chez ses deux sœurs aînées, d'où nouvelle levée de boucliers à Contrexéville ; ici, je laisse la parole à l'honorable rédacteur en chef de la *Gazette
des Eaux*, M. Garmond Delavigne,
qui prit en main, cet hiver, la cause
de l'opprimé :

« Cette histoire de lithine, depuis
que Garrod l'a inventée, depuis que
Bunsen l'a constatée dans trois sources
de Bade, depuis que Martigny s'est
vanté de la posséder, c'était pour Contrexéville un spectre, un cauchemar,
une persécution. On a tout fait pour la

trouver ; on a consulté M. Grandeau,
il y a huit ans, et M. Grandeau ne
l'avait vue que parmi les raies du
spectroscope; M. Debray, plus heureux, a pu la recueillir dans une éprou-
vette et la démontrer sous les espèces
et apparences d'un bicarbonate.

« Mais, après s'être donné tant de
mal pour trouver la lithine, voyant
qu'on en avait si peu, on s'est dit que
ce n'était pas la peine, et comme Martigny en a bien le double ou le quintu-
ple et même le décuple, soit 40 milli-
grammes... on s'est mis à la mesqui-
ner.—Vous savez la fable du renard?

« M. Baud s'en est donné l'autre
jour finement, gaillardement, gaie-
ment contre cette malheureuse lithine. Ce n'était pas assez, paraît-il, elle
relevait la tête ; pouf! un pavé! Voilà,
page 7 de la brochure de M. Debout,
la lithine accusée d'avoir fait naître
des espérances qu'elle n'a pas réali-
sées, la voilà convaincue, d'après le
dire de l'honorable inspecteur Fres-
che, de Bade, de s'être fait aider par
le bicarbonate de lithine, et la voilà
fraîche! Donc, voilà ce qui vient de
paraître, une exécution! »

Ce fut ensuite M. Crusard, rédacteur de la *Presse*, qui, dans un long et élogieux article sur Contrexéville, vint, en termes des plus mesurés et des plus courtois, je dois le reconnaître, émettre quelques doutes au sujet de l'action réelle de cette même lithine.

Comment! ce pauvre Martigny, à peine sorti des langes, vous porterait déjà ombrage! Je ne puis le croire! Rassurez-vous! nous ne visons pas d'emblée à de si hautes destinées! Nous n'avons point la folle prétention de nous ériger en rivaux! Si nous avons la conscience de notre valeur, nous avons aussi la modestie qui convient aux débutants dans l'arène! Nous demandons à vivre à côté de vous, en bon voisin, et à nous faire lentement notre nid, à acquérir peu à peu notre droit de cité, car, vous aussi, vous n'avez pas été haut et puissant baron du premier jet!

Et personne n'en souffrira! La clientèle d'un établissement ne subira ni augmentation ni diminution au profit ou au détriment de son vis-à-vis.

Encore une fois, il y a place au soleil pour tous, et la vraie maxime,

ici, doit être celle-ci : « *Aidons-nous
les uns les autres.* »

En effet, quel devait être le but de
ces trois stations : Contrexéville, Vittel et Martigny ? Ce serait d'attirer
vers l'Est le grand courant de malades qui se précipite sur Vichy avec
un engouement irréfléchi !

Les indications thérapeutiques suivies dans nos stations vosgiennes sont
des plus nettes et des plus accentuées:
*Gravelle sous toutes ses formes, goutte
et diathèse goutteuse.* Ce sont aussi ces
affections qu'on traite à Vichy, mais
avec des chances bien diverses.

L'expérience a démontré qu'une
seule gravelle, la gravelle *urique,*
était justiciable des eaux de Vichy.

Quant à la goutte, écoutez ce qu'en
disait l'illustre et si regretté Trousseau :

« Il n'existe pas dans le monde de
médication plus dangereuse pour la
goutte que les eaux de Vals, Vichy
et Carlsbad... J'ai certainement vu,
pour ma part, plus de cinq cents
goutteux ayant été à Vichy, et s'en é-
tant tous horriblement mal trouvés. »

Le grand reproche qu'on puisse faire à Vichy est de déglobuliser le sang, et d'imprimer assez rapidement la cachéxie alcaline. Ces Eaux si précieuses dans beaucoup de cas, où il faut avant tout des fondants énergiques, manquent des éléments... ferrugineux, salins ou autres... qui donnent du ton à l'organisme et le revivifient.

Il semble, quant à ce qui est afférent à la goutte, qu'on n'ait pas fait avancer d'un pas la question à Vichy, depuis la lutte célèbre des deux anciens inspecteurs Prunelle et Petit, dont l'un appelait à lui tous les goutteux, et dont l'autre les éloignait vivement.

N'est-ce pas précisément ici que les eaux de Contrexéville, de Vittel et de Martigny sont appelées à rendre de grands services ? Que de graveleux, que de goutteux surtout n'ont déjà pas trouvé leur guérison, ou du moins leur amélioration dans les deux premières stations !

Bien avant son exploitation méthodique qui ne remonte qu'à un an, Martigny s'était déjà acquis dans ce pays une réputation sérieuse basée sur des cures authentiques ; on peut même dire que la reconnaissance des malades a été sa première, son unique réclame.

Donnons-nous donc la main, et marchons de pair dans la même voie, en reconnaissant, si l'on veut, pour chef de file Contrexéville, dont l'ancienneté consolide les droits... honneur et gloire aux anciens !... Amenons dans cette belle province des Vosges, si pittoresque, si hospitalière, si opulente, ce grand nombre de graveleux et de goutteux que la mode ou une vicieuse habitude entraîne à Vichy, Vals, ou autres stations similaires.

Nous n'avons pas trop de nos efforts réunis à tous trois pour arriver à ce but.

Pour ce, serrons les rangs, et surtout, sortons de l'ornière, en imitant, ici encore, les Allemands nos maîtres en hydrologie.

On reproche, à bon droit, à Contrexéville, de ne rien faire pour l'agrément, la distraction de ses malades, et c'est d'autant plus regrettable que les affections qui les y mènent sont de nature à pousser à la mélancolie et au *spleen*. Il faut combattre cet état moral avec autant de soin que l'état physique :

« Quand vous arrivez aux Eaux minérales, dit Alibert, faites comme si vous entriez dans le temple d'Esculape ; laissez à la porte toutes les passions qui ont agité votre âme, toutes les affaires qui ont si longtemps tourmenté votre esprit. »

La musique offre, sous ce rapport, de puissants attraits. Pourquoi ne pas avoir, à l'instar des plus petites stations allemandes, un orchestre qui, plusieurs fois par jour, le matin surtout, au réveil, va frapper agréablement le tympan des infortunés malades qui, le plus souvent, se lèvent sous de mauvais auspices et la figure assombrie.

Le succès de Contrexéville est assez grand pour qu'on puisse désirer y voir même un casino dans le goût de celui de Vichy, par exemple.

Sans doute, les frais nécessités par de pareilles installations sont considérables ; mais ici encore, ici surtout, je voudrais voir ce que j'ai rencontré dans les stations allemandes : l'entente, la bonne harmonie, la communauté ; en effet, dans un même groupe, on voit deux ou trois établissements se réunir pour parfaire l'exécution de ce programme... Cet orchestre, dont je viens de parler, va un mois ici, quinze jours là, huit jours ailleurs... Quelle économie aussi, si l'on pratiquait ce système de coalition, ou mieux, d'association pour les modes de transport, par exemple, dans notre belle contrée qui est complétement déshéritée sous ce rapport!

En résumé donc, j'appelle de tous mes vœux une entente commune et cordiale entre les trois Etablissements de Contrexéville, Vittel et Martigny, certain que je suis de l'immense résultat auquel on arriverait rapidement et de l'éclat et de la richesse qui en rejailliraient sur ce beau département.

Puisque j'ai été amené, par l'exposé de ces considérations générales, à parler de la station nouvelle de Martigny, j'ai à cœur de la faire connaître et de montrer qu'elle est digne de marcher à côté de ses sœurs aînées ; je tiens à justifier la confiance qu'ont bien voulu m'accorder jusqu'ici mes confrères du département, dont la plupart sont d'anciens condisciples et amis, et à les remercier de l'empressement si bienveillant qu'ils ont mis à me seconder dans mon œuvre naissante. — L'Etude de Contrexéville et de Vittel viendra ensuite. — Plus tard, je passerai en revue les autres stations du département : Plombières, Bains, Bussang; comme elles constituent un groupe distinct, elles réclament une étude spéciale.

LES EAUX MINÉRALES LITHINÉES

DE MARTIGNY-LES-BAINS

DIURÉTIQUES, LAXATIVES ET RECONSTITUANTES

Exploitation autorisée par arrêté ministériel du 20 avril 1859.

On compte à Martigny trois sources minéralisées (dont deux seulement sont exploitées au point de vue médical) ; une première analyse, faite en 1858 par M. O. Henry, alors que le captage n'était pas complet, était insuffisante ; M. le professeur Jacquemin (de Strasbourg) en fit une deuxième, en 1869.

EAUX MINÉRALES DE MARTIGNY-LES-BAINS (Vosges).

Analyse de M. le Professeur JACQUEMIN

SOURCE N° 1 — Sur 1,000 grammes d'eau. — SOURCE N° 2

		SOURCE N° 1	SOURCE N° 2
Acide carbonique libre		traces.	faible proportion.
Bicarbonates	de soude	0,0168	0,0126
calculés avec	de magnésie	0 1980	0,1825
la formule	de chaux	0,1700	0,1740
C^9HMO^6.	de fer	0,0098	0,0311
Silicate de soude		0,0532	0,0456
» de chaux		0,0029	0,0014
Phosphate de chaux		0,0028	0,0019
Sulfates cal-	de soude	0,2299	0,2540
culés à l'état	de magnésie	0,3500	0,3340
anhydre.	de chaux	1.4240	1,4400
Chlorure de lithium		0,0300	0,0170
» de sodium		0,0650	0,0877
» de potassium		0,0090	0,0111

Traces de fluor, de crenate de fer, d'arséniate de fer, alumine, matière organique 0,1156

Oxyde ferrique provenant du crenate . 0,0111
Traces de fluor, de manganèse, d'arséniate de fer, d'alumine, d'acide crénique, et une autre matière organique (glycose ou glycoside?) 0,0641

2,6570

2,6501

Nota. — Le jaugeage officiel des sources de Martigny, pratiqué sous la haute surveillance de M. J. François, inspecteur-général des mines, a démontré qu'elles donnent un débit de 190,000 litres, par jour, d'une eau limpide, cristalline, légèrement gazeuse et d'une saveur très agréable.

Leur limpidité est aussi inaltérable que leur volume, à toutes les époques de l'année ; leur température est de 11°C, leur densité de 1,042 et 1,046.

Les sources sont renfermées dans un élégant pavillon relié à l'hôtel par une galerie couverte.

La source n° 1 s'élance de son point d'émergence par ondulations saccadées et rhythmiques, aussi régulières que les pulsations du pouls normal.

Elles sont toutes deux sans action sur le papier bleu de tournesol ; elles verdissent le sirop de violettes.

Martigny vient, au point de vue de l'analyse, se placer entre Contrexéville et Vittel en quelque sorte comme l'intermédiaire de leurs propriétés, possédant chacun des éléments qui justifient le succès de ses aînées dans une juste mesure, n'en ayant ni trop ni trop peu.

La source n° 2 de Martigny renferme presque autant d'éléments ferrugineux que la source des Demoiselles de Vittel.

Les vrais caractères différentiels de Martigny, Contrexéville et Vittel portent sur deux agents chimiques importants qui font défaut dans les deux dernières, c'est-à-dire la *Lithine* et les *Silicates*.

Les belles recherches de Garrod sur l'action éminemment dissolvante de la Lithine, eu égard surtout à l'acide *urique* et aux *urates* (qui forment la base des *sédiments* de la gravelle et des *tophus* des goutteux), ont été utilisées avec le plus grand succès dans la pratique.

L'acide urique ayant plus d'affinité pour la lithine que pour toute autre base (soude, potasse, etc.), abandonne celle à laquelle il est uni, chasse l'acide du chlorure de lithium et prend sa place en formant avec lui un *urate de lithine* qui se dissout complétement. De son côté, l'acide du chlorure remplace l'acide urique, et il résulte de cette double décomposition une sorte de chassé-croisé, deux nouveaux sels qui restent dissous tous les deux et qui, dès lors, sont facilement expulsés par les voies naturelles.

Les *urates lithiques* sont les plus solubles de tous ; les expériences si concluantes du professeur Ure, du docteur Garrod (de Londres), du docteur Ruef (de Baden), du professeur Charcot (de Paris), du professeur Stricker (de Berlin), de Lipowitz, de Biswanger, etc., sur la solubilité de l'acide urique et de l'urate de soude dans les sels lithiques, sont des plus concluantes. (1)

L'an dernier, aidé de mon jeune ami le professeur Peirot, je repris, en les étendant, ces expériences, et dressai une échelle comparative de solubilité relativement aux sels de lithine, de potasse et de soude, mis en présence des

(1) Or, l'acide urique et l'urate de soude formant précisément les éléments les plus insolubles des calculs urinaires et de la gravelle, il en résulte que l'emploi du lithium ou de ses sels dans les maladies calculeuses de ce genre, et surtout dans la goutte est parfaitement justifié par la chimie ; l'expérience pratique n'a pas tardé, chez nos confrères d'outre-Rhin, à confirmer ces prévisions.

éléments constitutifs des calculs urinaires, biliaires, des sédiments de la
gravelle et des tophus des goutteux; les
premiers l'emportent de haute main. (1)

(1) Nous avons mis en présence d'un gramme de carbonate
de soude et d'un gramme de carbonate de lithine 5 grammes
de chacun des principaux éléments dont j'ai parlé plus haut;
les liquides ont été filtrés; les filtres pesés avant et après
l'opération; la différence nous donnait donc la quantité de sel
dissous; voici ces résultats, si concluants pour la lithine :

Poids du résidu.

Carbonate de soude	1	
Urate de soude	5	$=$ 7 gr. 1
Carbonate de lithine	1	
Urate de soude	5	6 gr. 7
Carbonate de soude	1	
Phosphate de chaux	5	7 gr. 5
Carbonate de lithine	1	
Phosphate de chaux	5	$=$ 7 gr. 3
Carbonate de soude	1	
Acide urique	5	6 gr. 5
Carbonate de lithine	1	
Acide urique	5	5 gr. 1
Carbonate de soude	1	
Oxalate de chaux	5	7 gr. 5
Carbonate de lithine	1	
Oxalate de chaux	5	7 gr. 3

dont il faut retrancher 3 gr., poids du filtre dans chaque expérience, ce qui donne les résultats suivants :
1 gr. de carbonate de soude dissout :
    0 gr. 9 d'urate de soude.
    0 gr. 5 de phosphate de chaux.
    1 gr. 5 d'acide urique.
    0 gr. 5 d'oxalate de chaux.
1 gr. de carbonate de lithine dissout :
    1 gr. 3 d'urate de soude.
    0 gr. 7 de phosphate de chaux.

Je plongeai dans une solution lithique des cartilages articulaires infiltrés d'urate de soude, que je devais à l'obligeance de M. le professeur Goubeaux (d'Alfort), et je pus constater une fonte sensible des parties immergées.

Je continuai, cet hiver, au laboratoire du collége de France, ces expériences *in animâ vili*, c'est-à-dire sur des lapins et des chiens griffons, au point de vue des différents liquides de l'organisme, sang, urée, suc gastrique, bile, urine, etc. ; et j'obtins des résultats bien remarquables que je publierai en temps opportun.

La puissance résolutive du lithium

2 gr. 9 d'acide urique.
0 gr. 7 d'oxalate de chaux.
Ce que l'on peut encore énoncer, en disant que:
1 gr. d'urate de soude se dissout dans
1 gr. 111 de carbonate de soude,
et dans 0 gr. 769 de carbonate de lithine.
1 gr. de phosphate de chaux se dissout dans
2 gr. de carbonate de soude
et dans 1 gr. 428 de carbonate de lithine.
1 gr. d'acide urique se dissout dans
0 gr. 666 de carbonate de soude,
et dans 0 gr. 344 de carbonate de lithine.
1 gr. d'oxalate de chaux se dissout dans
2 gr. de carbonate de soude
et dans 1 gr. 428 de carbonate de lithine.
Ces résultats sont tous, comme on le voit, à l'avantage du carbonate de lithine, et très prononcés pour l'acide urique et l'urate de soude.

est huit fois plus forte que celle du carbonate sodique des Eaux de Vichy ou de Carlsbad, réputées jusqu'à présent comme les agents les plus résolutifs.

Le professeur Ure a trouvé qu'une solution de 5 centigrammes de carbonate lithique dans 30 centigrammes d'eau, à une température de 32^{oc} (à peu près analogue à celle du sang humain) dissolvait peu à peu jusqu'à 10 et même 15 centigrammes d'acide urique.

Dans une autre expérience, il plongea un calcul vésical composé de couches d'acide urique et d'oxalate de chaux dans 30 grammes d'eau distillée contenant 20 centigrammes de carbonate lithique, le tout à la température du sang. Après cinq heures d'immersion, le calcul avait perdu 25 centigrammes de son poids. (1)

(1) M. Ure a même proposé d'injecter le carbonate de lithique dans la vessie, afin d'y obtenir la dissolution des calculs.

Le docteur Ruef est arrivé aux résultats les plus heureux avec la lithine dans le traitement de la gravelle et surtout de la goutte. Il résulte de ses observations si concluantes, que l'action physiologique de la lithine s'est manifestée d'une manière presque identique chez tous ses malades, et n'a que rarement empêché la continuation de ce remède, ainsi qu'il l'a vu fréquemment pour des médicaments d'ailleurs très-efficaces, comme pour le colchique, par exemple.

« Chez un malade, dit le docteur Althauss (cité par Garrod),

Le docteur Garrod plongea un des
os métacarpiens de la main, infiltré
d'urate de soude, d'un homme mort
d'arthrite dans une solution de carbonate de lithine, et, en peu de temps,
les dépôts goutteux furent dissous, et
l'os reprit son état normal.

Beaucoup de goutteux ont vu disparaître leurs concrétions tophacées sous
l'influence de l'emploi prolongé des
sels de lithine (1).

il survint pendant l'usage de l'eau lithinée une attaque régulière
de goutte ; mais, en continuant le traitement, ce malade guérit
si vite, qu'au bout de trois jours il put aller se promener. »

Des expériences nombreuses ont montré que, bien conduite,
l'administration de la lithine était capable d'empêcher le retour
des accès de goutte ; le docteur Garrod a appris de divers malades qu'un régime n'était point nécessaire dans ce cas, et qu'ils
pouvaient impunément faire usage du vin, tant qu'ils prenaient
de cet alcali.

(1) Chez une femme goutteuse, âgée de 77 ans, et qui, malgré
plusieurs saisons passées à Wiesbaden (qui contient très-peu
de lithine (0,00018 par litre), n'avait pu se débarrasser de concrétions qu'elle portait à l'extrémité des doigts, le docteur Stricker prescrivit l'usage de la boisson suivante : eau chargée
d'acide carbonique, 500 gr. ; bicarbonate de soude, 25 centi-
gram. ; carbonate de lithine, 10 centigr. La malade devait prendre, les premiers jours, la totalité de la dose dans les 24 heures
et ensuite la moitié de la dose seulement. Au bout de 15 jours
environ de ce traitement, les concrétions avaient, paraît-il,
complétement disparu.

L'an dernier, il m'est venu, à Martigny, une pauvre femme
ARCHI-GOUTTEUSE, marchant avec crosses et béquilles. Au bout
d'un mois, crosses et béquilles étaient jetées dans un coin, et
l'on pouvait constater sur toutes ses articulations (pied, genou,
mains, poignet) une diminution frappante des tophus. Rentrée
chez elle, et se croyant guérie, elle s'abstint du conseil que je

Au nombre des complications habituelles de la gravelle et de la goutte se trouvent, en première ligne, les désordres morbides de l'estomac et des intestins, les engorgements du foie, l'ictère, et plus spécialement les calculs rénaux et biliaires.

Ici encore, la lithine exercera, au même titre, son action éminemment dissolvante.

Bien mieux, le docteur Ruef est arrivé à reconnaître l'heureuse influence de ce nouvel agent sur une autre série d'affections : traitant, au moyen de la lithine, une dame âgée de 48 ans, atteinte de goutte depuis 14 ans et d'une dysmenorrhée très douloureuse, il vit, au bout de dix jours, la menstruation redevenir entièrement normale. Ce n'est pas autrement que Johnston,

---

lui avais donné de continuer l'usage de l'eau ; elle m'est donc revenue cette année moins délabrée, il est vrai, mais avec ses anciennes nodosités. Elle est ici depuis un mois; actuellement les engorgements ont diminué de plus de moitié ; les tumeurs articulaires dures comme la pierre se sont ramollies, cédant sous la pression du doigt avec un petit bruissement sec qu'on rencontre habituellement dans les tumeurs rénittentes; la flexion des doigts, impossible dès le principe, est complète, et cette pauvre femme, rajeunie physiquement et moralement de 20 années, arpente avec prestesse, et du matin au soir, le jardin et le parc. Les douleurs qui étaient très vives dans toutes les articulations, en raison de leur extrême tension, ont entièrement disparu.

ayant administré du nitrate d'argent à un épileptique, découvrit l'effet curatif de ce remède dans les cas de sensibilité exaltée de l'estomac. Le malade ne fut point guéri de l'épilepsie, mais bien de la gastralgie.

Les plus petites doses de lithine sont suffisantes; des doses élevées seraient même supportées difficilement, et, à ce sujet, il est remarquable d'observer que, si la lithine préparée dans une officine fatigue vite l'estomac, il n'en est plus de même, lorsqu'elle est ingérée sous forme d'eau minérale.

Les eaux de Martigny sont les plus riches que l'on connaisse en lithine. (1)

Il faut également tenir compte de la présence du *Silicate de soude* dans les mêmes eaux.

Les travaux de M. Bonjean (de Chambéry), ont prouvé que ce sel possède une action *dialytique*, ou décomposante au point de vue des urates ; c'est à ce titre qu'il fait la base des célèbres pilules du docteur Laville, réputées dans le traitement de la goutte.

(1) Voir, à la fin de ce travail, le tableau comparatif des sources à lithine.

3

C'est surtout à MM. Petrequin et Soc-
quet (de Lyon) que revient le mérite
d'avoir remis la question de la silice et
des silicates sur son véritable terr.in
scientifique ; ils ont prouvé que ce médicament était plus efficace que le
bicarbonate de soude, par la raison
que l'acide urique rendu par les malades se dissout entièrement dans une
solution froide de silicate de soude,
tandis que cet acide n'est dissous ni à
froid ni à chaud par le bicarbonate alcalin.

Bien mieux, le Dr Mougeot (de Bar-
sur-Aube), qui propose les pommades
et les cataplasmes à la silice, le docteur
Gigot-Suard (de Paris), reconnurent l'action éminemment cicatrisante et résolutive de la silice employée comme topique ; on s'explique ainsi l'efficacité des
eaux silicatées dans certaines affections
de la peau qui reconnaissent pour cause
l'*uricémie* ; certaines affections granu-
leuses des yeux, de l'arrière-gorge, etc.

C'est de la sorte que je fus conduit à
expérimenter l'eau de Martigny sous
forme de pulvérisation, et j'ai aujour-
d'hui la conviction, d'après les résul-

tats que j'ai obtenus, qu'on peut éten-
dre singulièrement le cadre thérapeutique de ces mêmes eaux.

Nous compléterons cette analyse, en
signalant dans les eaux de Martigny le
fer, ce grand réparateur de l'économie,
les chlorures alcalins qui lui servent
d'adjuvant. Ainsi que le *manganése ;*
l'*arsenic* dont l'action altérante et anti-
périodique est des plus précieuses ; le
phosphate de chaux, cet agent indispensable à la reconstitution du tissu
osseux, les *sels magnésiens* qui tem-
pèrent l'action toujours échauffante ,
quoique tonique, des préparations ferrugineuses, et enfin la prédominance
des *bicarbonates de chaux* sur les *bicarbonates de soude ;* les premiers, en
effet, ont été employés avec plus de
succès que les seconds dans les affections chroniques de l'estomac et des
intestins, et je m'explique ainsi les
beaux résultats que j'obtiens ici dans
le traitement des dyspepsies et des
gastralgies.

L'Eau minérale de Martigny sera
donc employée avec avantage dans les
affections suivantes : **Affections des**

voies urinaires, gravelle sous toutes
ses formes et diathèse urique, catarrhe
vésical, calculs urinaires, atonie de la
vessie (incontinences, rétentions d'urine), calculs rénaux et coliques néphrétiques ; engorgements du foie, (calculs
biliaires et coliques hépatiques), de la
rate, de l'utérus et du col ; l'ictère ,
l'obésité, le diabète; affections du tube
digestif, dyspepsie, gastralgie, gastrite
chronique (vomissements, renvois acides, etc.), enteralgie avec constipations
opiniâtres , hémorrhoïdes ; affections
rhumatismales et névralgiques, la sciatique surtout ; goutte et diathèse goutteuse ; maladies des femmes, enfin
chlorose et anémie (pâles couleurs) ,
appauvrissement du sang.

On peut dire de ces eaux qu'elles
sont *diurétiques, laxatives et reconstituantes,* qu'elles possèdent une action
lithontriptique des plus accentuées, et
impliquent une médication *désobstruante, résolutive,* en même temps que
reconstituante.

Elles sont surtout diurétiques à un
degré considérable, et provoquent l'expulsion de sables rouges d'acides uri-

que en quantités parfois énormes. — Voilà, me dira-t-on, une belle énumération, et de bien belles promesses ; mais, tout cela c'est de la théorie ; où sont vos observations ? Patience, elles apparaîtront à temps voulu, et avec toutes les garanties désirables !...

Distinguons ici entre maladies aiguës et chroniques, en reconnaissant que ces dernières seules sont tributaires des eaux minérales.

Vous médicamentez un sujet atteint d'une fluxion de poitrine, par exemple, vous le remettez sur pied, et, du coup, vous avez le droit de proclamer sa guérison. Que si vous avez affaire à un gastralgique, à un graveleux, à un goutteux, aurez-vous le droit de le proclamer guéri, s'il sort de votre station en voie apparente de guérison ? Oh ! que nenni ! Suivez-le un an, deux ans et plus, et ne lui donnez son bulletin de *satisfecit* que si cette période s'est écoulée sans secousses graves, sans grosse rechute.

Voilà quelle doit être la science hydrologique : « *La critique est aisée et l'art difficile.* »

« L'illusion fut-elle complète à cet égard (lithine), dit M. Crusard dans son article de la *Presse*, on pourrait s'en consoler si, sous tous les autres rapports, l'eau de Martigny peut être classée au même rang que celle de Contrexéville. Ce qui est constant, c'est qu'au point de vue de sa minéralisation, elle tient exactement le milieu entre le Pavillon et la Souveraine. »

Cette minéralisation frappe les yeux mêmes des profanes. Le bassin de la source n° 2 est recouvert d'un enduit ocracé, rougeâtre, qui prouve la richesse de l'eau en sels de fer ; les verres qui servent à la puiser sont vite maculés de taches ou disques blanchâtres qui ne sont autres que l'empreinte pulvérulente des sels de chaux, et surtout de magnésie. Les carafes (à air libre) où l'on recueille, pour les usages de la table, l'eau de la source n° 2, sont au bout de 15 jours tapissées d'une croûte rougeâtre très-épaisse.

Martigny est un endroit pittoresque, situé à une altitude de 300 mètres, au centre d'un plateau large, évasé, bien aéré et abrité de toutes parts par des

collines dont les pentes douces sont
couvertes de beaux vignobles, de riches cultures, et les sommets revêtus
de forêts plantureuses.

Le terrain appartenant à l'établissement n'a pas moins de 7 hectares et
permet ainsi, non de créer, mais d'a-
chever un lieu de promenades délicieu-
ses sous forme de parc et jardins.

L'organisation du service balnéaire
est irréprochable ; les cabinet des douches renferment les appareils les plus
récents et les plus complets. Chaque
tuyau est muni d'un manomètre, qui
permet de varier la pression à volonté,
et d'un thermomètre qui donne exactement la température prescrite pour la
douche mitigée. De même, on laisse à
la disposition de chaque malade un
thermomètre pour son cabinet de bain;
il peut ainsi apprécier la température
exacte de son bain.

J'ai cru, réminiscence probable de
mes longues pérégrinations dans les
stations allemandes, devoir emprun-
ter à ces dernières quelques-unes de
leurs coutumes : ainsi, j'ai constitué à
Martigny un dépôt des principales eaux

minérales étrangères. On peut , de la
sorte, apporter à la cure, et suivant les
cas indiqués, de précieux adjuvants, tels
que les produits naturels d'évaporation
ou résidus salins d'Eaux minérales puissantes : sels de Carlsbad, de Marienbad
(du Kreuzbrunnen), le Bittersalz, etc.
Les Eaux amères de Pülna et de Frédé-
richsaal, entre autres, me rendent de
grands services.

J'ai institué, de même, des bains
composés avec addition de Mütterlauge
(sels de Kreuznach, de Nauheim, Kis-
singen (Radoczki), Salzungen, Bex, etc),
sel de Pennès. J'ai institué, ici, un petit
laboratoire pour les analyses d'urines,
et j'y puise des indications précieuses.
Il est acquis que, dans les maladies
chroniques, les organes doivent être
maintenus longtemps sous l'action médicamenteuse des Eaux minérales pour
recouvrer leur fonctionnement régulier.

Les Eaux de Martigny qui, comme
leurs voisines, supportent admirablement le transport et qui peuvent se
conserver plusieurs années sans altération, permettront la continuation du
traitement à domicile pendant l'hiver.

Elles sont d'une saveur agréable, surtout coupées avec le vin qu'elles n'altèrent pas, comme le font, par exemple, les Eaux de Vichy, Vals, etc., et forment, avec les sirops, une boisson des plus attrayantes.

Il y aurait une étude intéressante à faire sur les Eaux minérales transportées, au point de vue de leur action réelle. (Je parle ici des Eaux seules qui ne s'altèrent point par le transport.)

Il est incontestable qu'elles n'exercent point une action aussi énergique que lorsqu'elles sont bues à la source même, et cependant, elles rendent également, dans ces conditions, de grands services. Il m'a paru que la vraie différence se traduisait surtout par ce fait que l'action de ces eaux bues sur place était beaucoup plus prompte, et qu'une cure faite chez soi, sans déplacement, réclamait plus de temps, idée que je me formulerai encore plus nettement en disant : Les Eaux minérales transportées ne peuvent fournir une cure complète, mais elles sont du plus grand secours pour la préparer et l'achever ; elles sont donc le complément indispensable d'une saison passée à la source même. En discontinuer l'usage, après être rentré chez soi, sous prétexte, par exemple, qu'on s'en est gorgé à la source même, serait une grande faute, car, la transition serait assez brusque pour que la réaction fût même dangereuse dans certains cas.

Je citerai, à l'appui de ce que j'avance, quelques faits puisés dans ma pratique à Martigny.

L'an dernier, j'avais ici un Lyonnais, sur le déclin d'une vie traversée par de grandes fatigues physiques et morales. Lithotritié deux fois par Gensoul et Barriè, il avait gardé un catarrhe purulent des plus graves de la vessie, avec miction rendue difficile et douloureuse par une prostatite énorme; le tout greffé sur une goutte chronique et compliqué d'énormes hémorrhoïdes, avec constipations opiniâtres.

Tempérament indiscipliné, gros mangeur, réfractaire à toute idée de régime, et, en somme, difficile à mener.

C'était une lourde tâche à entreprendre ; j'en vins cependant à bout, et je

fus heureux de remettre sur pied cet
intéressant malade auquel je suis, depuis longtemps, du reste, attaché par
les liens de la plus vive sympathie. Au
bout d'un mois de séjour ici, plus de
sondes, miction facile, dépôt purulent
diminué des trois quarts dans les urines,
réduction de la tumeur prostatique et
des hémorrhoïdes. Plus de ces constipations qui le faisaient tant souffrir;
plus d'accès de goutte.

Il fallait voir comment allait se passer l'hiver. Il y eut, on ne peut en dou-
ter (car, à un pareil âge, 74 ans, de telles affections ne se guérissent point) des
rechutes, mais très-supportables. M.
C... dut à l'usage continu de l'eau minérale de Martigny un hiver d'une rare
clémence, comparé aux précédents.
Mon distingué confrère et ami, M. le
docteur Bron, l'habile élève et succes-
seur de Barriè, en fut étonné lui-
même.

Citerai-je l'exemple de mon cher et
excellent camarade, M. P. L..., d'Epinal, qui m'a été adressé, cette année,
par MM. les docteurs Ancel et Boyé. En
proie à des coliques hépatiques des

plus douloureuses, il les vit s'accroî-
tre, cet hiver, sous l'influence de l'eau
de Martigny qui semblait, en quelque
sorte, pousser vivement à l'expulsion
de toutes ces concrétions, avant de
s'attaquer d'abord à la diathèse. Pendant son séjour ici, M. L... n'eut pas
une seule crise, et cependant, je pus
m'assurer, à plusieurs reprises, de la
présence dans les selles de calculs biliaires aussi nombreux et aussi volumineux que ceux rendus, cet hiver.
Mais, cette fois, ils passaient sans douleur !... L'économie tout entière n'é
tait-elle pas enfin impressionnée par
l'eau minérale ?... L'analyse et l'ins-
pection microscopique me démontrè-
rent la similitude parfaite des anciens
et des nouveaux calculs.

Je m'empresse de dire que cette observation ne sera vraiment complète
que lorsque l'hiver aura passé par là-
dessus.

J'en dirai autant d'un gastralgique
dont l'affection datait de 20 ans, qui me
fut envoyé, cette année, par mon distingué confrère et ami, M. le docteur
Joyeux (de Mirecourt).

A peine se soutenait-il, en arrivant ici. Il fallait le voir, le jour de son départ, la mine fraîche, gaie, débarrassée des rides et des plis du premier jour, la démarche ferme et agile.

Mais, ici encore, laissons passer l'hiver. Pourrai-je, du reste, citer d'exemple plus concluant que le mien propre ? Rentré en France, après un séjour de cinq années dans les pays intertropicaux, abîmé par la cachexie paludéenne, par des privations de toutes sortes, n'ayant plus d'estomac, mais en revanche, un foie et une rate semblables à deux monuments, je ne recommence à vivre que du jour où j'ai fait un usage continu de l'Eau minérale de Martigny. Il m'est arrivé, cet hiver, à Paris, d'en manquer quelquefois ; immédiatement reparaissaient mes vomissements bilieux, mes pyrosis, mes faiblesses, mes somnolences, et des sables dans les urines. Je me remettais à l'Eau ; ces symptômes s'amendaient avec une rapidité étonnante, et la quantité de sables rouges que je rendais, pendant quelques jours, était vraiment énorme.

Je terminerai ces citations par l'histoire d'une pauvre femme qui vint ici, l'an dernier, pour coliques néphrétiques atroces. Sous l'influence de l'eau en boisson et de nos puissantes douches, elle rendait beaucoup de sables, dont quelques-uns même assez concrets ; mais, chose singulière, ses douleurs si vives ne diminuaient pas, et j'étais persuadé, après avoir reconnu, à l'analyse chimique et au microscope, que j'avais affaire à une gravelle blanche, qu'un gros gravier était engagé et arrêté dans les uretères.

Désespérée, cette malheureuse s'en fut chez elle ; mais je la forçai à boire de l'eau tout l'hiver, en la mettant gratuitement à sa disposition.

Quel ne fut pas mon joyeux étonnement, en recevant, le 25 février, un calcul de la grosseur d'une petite noisette, et qui offrait bien les caractères que je prévoyais ? Naturellement, ma pauvre malade était, du coup, débarrassée de ses douleurs, et se proposait de faire ici, cette saison, un pélérinage de reconnaissance.

On voit donc, par cet exposé rapide,

que la thérapeutique hydro-minérale
est complexe et réclame une étude mi-
nutieuse. Pour ma part personnelle, je
suis convaincu que l'avenir de la médecine est là, quant au traitement des
maladies chroniques, et qu'en défini-
tive la nature se charge de préparer
merveilleusement, et par des procédés qui paraissent ne pas nous être
dévoilés de sitôt, les médicaments ap-
propriés.

On n'arrivera jamais, malgré les ressources de la chimie moderne, à re-
composer le *tout*, cet ensemble si
réussi qui constitue ce qu'on appelle
une eau minérale naturelle, et les eaux
minérales *artificielles* seront toujours
des eaux minérales *artificielles*.

Plus on va, du reste, plus l'usage
des eaux minérales naturelles tend à
se répandre. En effet, cette médication
douce, en même temps qu'énergique,
agit sans brusquerie, sans secousses,
et convient admirablement aux maladies chroniques ; aussi, l'emportera-t-
elle toujours sur les préparations artificielles de nos officines.

Par le temps qui court, avec cette

vie moderne si fiévreuse, toute d'agitations de hauts et de bas, d'extrême
liesse comme d'extrême misère, sans
pondération aucune, on peut dire que la
diathèse urique est des plus communes,
et que cette production excessive d'a-
cide urique dans notre pauvre économie engendre bien des maux. Aussi
les eaux minérales lithinées doivent-
elles entrer largement dans la consom-
mation publique, non-seulement à titre
d'eaux médicinales, mais aussi d'eaux
de table, se substituant à ces eaux
lourdes et malfaisantes qui alimentent
les grandes villes et qui entraînent les
désordres les plus graves, principalement dans l'appareil digestif.

EAUX MINÉRALES NATURELLES

TABLEAU COMPARATIF DES SOURCES A LITHINE

ALLEMAGNE

STATIONS thermales.	DÉNOMINATION des sources.	NATURE chimique.	NATURE du Sel Lithique.	QUANTITÉ de Sel Lithique.	VOLUME d'eau.	OBSERVATIONS GÉNÉRALES.
Szliacs.	Piscine n° 1.	Ferrugineuse - bicarbonatée	Carbonate.	0,0380	1 litre.	»
id.	Lankyquelle.	id. Sodico-lithiq.	Chlorure.	0,0170 0,03516	id.	»
Veilbach.	»	Chlorurée - sodique sulfur.	Bicarbonate.	0,0006	id.	»
Klausen.	»	Ferrugineuse - bicarbonatée	Carbonate.	0,039	id.	»

Baden - Baden.	Fettquelle	Chlorurées-sodiques.	Chlorure.	0,3060	10,000 parties. ou 10 litres.	La Fettquelle contiendrait un peu plus de 0,03 du chlorure de lithium par litre, ce qui fait plus d'un centième des substances qui y sont dissoutes.
	Zum Ungemach.			0,3010		
	Murquelle.	»	»	0,2952		
id.	Hollenquelle.	»	»	0,1289		
(Eaux-mères.)	Ungemach.	»	»	4,510	1 litre.	Les célèbres sources de Wildegg (Suisse) et de Hall (Autriche) ne contiennent que 24 et 30 milligrammes d'iode par litre, et doivent cependant leurs vertus extraordinaires à cette faible minéralisation.
						(1) Voir à la fin du tableau et avant l'append., au chapitre *Notes.*
Franzensbrunnen.	Franzensquelle.	Sulfatée-sodique ferrugineuse.	Carbonate.	0,030	1 litre.	
Kissingen.	Rakoczy.	Chlorurées-sodiques.	Chlorure.	0,0207	id.	On administre jusqu'à 6,000 bains de boue minérale Rakoczy (la principale source) par an. — Station célèbre également par ses bains et douches d'acide carbonique.
	Pandur.	»	»	0,016		
id.	Maxbrunnen.	»	»	0,0005		
(Eaux-mères.)	Solensprudel.	»	»	4,0000	id.	
Bilin.	Josephsquelle.	Bicarbonatée-sodique.	Carbonate.	0,0188	id.	Appelé le Vichy (froid) de l'Allemagne.
Tœplitz-Schonau.	Hauptquelle.	id.	id.	0,018	id.	»

Petersthal.	Sophienquel-le.	Ferrugineuse -bicarbonatée	Lithine?	0,0144	1 litre.	»
Marienbad.	Ferdinands -brunnen.	Sulfatée-sodi-que.	Bicarbonate.	0,0144	id.	Une des stations les plus cé-lèbres de l'Allemagne (Bo-hême). Bones minérales.—Bittersalz. — On exporte par an jusqu'à 600,000 cru-chons (en pierre) des eaux du Kreuzbrunnen et du Ferdinands-brunnen.
Lubien.	»	Sulfurée - cal - cique.	Carbonate.	0,0105	id.	»
Kreuznach.	Elisabethquel-le.	Chlorurée-so-dique.	Chlorure.	0,00750	1 litre.	Eaux-mères (Mutterlauge) célèbres.—Sels pour bains.
id. (Eaux-mères.)	Theodorshal -le.			0.1035	1 litre.	Grande station.
Lavey.	»	Sulfatée-mixt.	d.	0,0056	1 litre.	Célèbres par les salines voi-sines de Bex.
Erlenbad.	Elisabethquel-le.	Chlorurée-so-dique.	Bicarbonate.	0,00644	id.	»
Carlsbad.	Couronne de Russie.	Sulfatée-sodi-que.	Phosphate.	0,002	id.	Première source minérale où l'on (Berzélius) découvrit la Lithine. — Station cé-lèbre. — Sels et pastilles.
Aix-la-Cha-pelle.	Les 4 sources.	Chlorurées-so-diques sul-fureuses.	Carbonate.	0,00029	id.	C'est l'illustre Liebig qui dosa la Lithine dans ces eaux.

Krankenheil. (Tolz)	Jean-Georges.	Iodo-sulfur.	Bicarbonate.	0,00028	16 onces.	»
Pyrmont.	Trinkbrunnen.	Ferrug. bicar. Chlorurées sodiques.	Chlorure.	0,00026	1 litre.	»
Schwalbach.	»	Bicarb. ferrug.	Bicarbonate.	0,00021	id.	Grande exportation.
Wiesbaden.	Kochbrunnen.	Chlor. sodique.	id.	0,00018	id.	»
Ems.	Les 4 sources.	Bicarb. sod.	Carbonate.	traces.	id.	»
Rippoldsau.	Leopoldsquelle.	Ferrugineuse bicarb.	Bicarbonate.	id.	id.	Le plus bel établissement de la Forêt-Noire, célèbre par ses NATROINES gazeuses et même sulfureuses. Ce sont les eaux les plus riches, après Freyersbach, en acide carbonique, de l'Allemagne.
Wildbad.	Source Catherine.	Chlorurée sodique faible.	Chlorure.	id.	id.	Admirables piscines, tapissées d'un sable fin, à travers lequel monte l'eau.
Weissembourg.	»	Sulfatée calcique.	Lithine?	id.	id.	»
Salzhausen.	»	Chlor. sodiq.	Chlorure.	id.	id.	»
Salzschlirf	»	id.	id.	id.	id.	»
Salzungen.	»	id.	id.	id.	id.	Salines exploitées au point de vue thérapeutique.
Halle (Prusse).	»	id.	Lithine?	id.	id.	»
Wildungen.	Une source.	Bicarb. sod.	Bicarbonate.	id.	id.	Très-belle installation.

EAUX MINÉRALES NATURELLES

TABLEAU COMPARATIF DES SOURCES A LITHINE

FRANCE

STATIONS thermales.	DÉNOMINATION des sources.	NATURE chimique.	NATURE du Sel Lithique.	QUANTITÉ de Sel Lithique.	VOLUME d'eau.	OBSERVATIONS GÉNÉRALES.
Martigny-les-Bains.	Source 1. Source 2.	Sulfatée-cal-cique.	Chlorure.	0,030 0,0170	1 litre.	(1) Voir à la fin du tableau et avant l'append. au chap. *Notes.*
Soultzmatt.	»	Bicarb. sod.	Carbonate.	0,01976	id.	»
Soultzbach.	»	Ferrug. bic.	Bicarbonate.	0,0087	id.	»
Niederbronn.	»	Chlorure sod.	Chlorure.	0,00133	id.	»
Contrexéville.	Pavillon.	Sulfatée calc.	Bicarbonate.	0.004	id.	»

Rosheim,	id.	Bicarb. calc.	Carbonate.	0,0028	1 litre.	Pas d'exploitation.
Evaux.	Source César.	Sulfate sod.	Silicate.	0,00130	id.	Eaux silicatées.
	S. Petit Cornet (sulfureuse)	»	»	0,00110		.
	Les 6 autres.	»	»	traces.		
Vichy.	Toutes les sources.	Bicarbonate sodique.	Carbonate.	traces.	id.	Exportation annuelle de 2 millions de bouteilles.
Vals.	Presque toutes les sources.	id.	id.	id.	id.	Minéralisation graduée de 1,00 à 8,00 de $NaOCO^2$ par litre. — Source ferro-arsenicale. — Grande exportation.
Plombières.	Plus. sources et même source savonneuse et ferru.	Sulfate sod.	Bicarbonate.	id.	id.	Thermes romains.
Sail-s.-Couzau.	id.	Bicarb. mixte.	id.	id.	id.	»
Sail-lès-Bains.	id.	Bicarb. mixte sulfureuses.	Silicate.	id.	id.	Eaux silicatées.
St.-Christau.	id.	Ferro-cuivre.	Lithine?	id.	id.	Salles de pulvérisation.
Orezza (Corse)	id.	Ferrugineuse-bicarbón.	Carbonate.	id.	id.	Commencent à se répandre en France.

ANNOTATIONS AU TABLEAU

(1) Les chiffres primitifs qui avaient été donnés, lors de la publication des analyses du professeur Bunsen, par M. le docteur Ruef (de Bade) étaient beaucoup plus élevés, mais aussi erronés, comme le prouve cette lettre que me fit l'honneur de m'adresser l'illustre chimiste lui=même :

Heidelberg, 15 octobre 1869.

« Cher et honoré Monsieur,

« Je viens vous demander pardon de ne pas vous avoir exprimé, dans ma première lettre, mes remercîments pour l'excellent mémoire que vous avez bien voulu m'adresser (*Les eaux minérales li-thinées*) ; il n'était pas encore entre mes mains, lorsque je répondais à votre lettre ; je l'ai lu avec le plus grand intérêt.

« Il y a plus de 15 ans que j'ai entrepris les analyses des sources de Bade : les dossiers de toutes les analyses, dont je n'ai pas personnellement soigné les publications, se trouvent avec les actes ministériels à Carlsruhe.

« Je puis garantir qu'il ne s'est pas glissé d'erreur, ni dans la méthode employée, ni dans mes expériences. »

« M. le docteur Ruef n'a eu rien à faire avec le calcul des analyses en question : aussi ne sais-je d'où lui ou d'autres auteurs ont reçu ou tiré les nombres qu'ils donnent. Je vous disais dans ma dernière lettre que les analyses des sources de Baden-Baden ont été entreprises à la réquisition de notre gouvernement, et que moi-même, je n'ai rien eu à faire avec leur publication.

« Il ne s'agit pas d'une erreur de calcul ou d'une faute dans le dosage, mais uniquement d'une erreur de copiste, ou d'imprimeur. On vient, à ma demande, de m'envoyer de Carlsruhe les analyses originales *écrites de ma main* : j'y trouve, pour la Fettquelle, le nombre 0,3060 (pour 10 litres), au lieu du nombre 1,3060 donné dans votre mémoire et dans les livres desquels vous avez tiré ce nombre.

« Je vous répète mes remerciments les plus sincères pour le beau mémoire que je dois à votre obligeance, et vous prie d'agréer, etc., etc.

« BUNSEN. »

(2) M. le professeur Jacquemin, désirant avoir une certitude absolue au sujet de son dosage de lithine, a contrôlé ses premières analyses (Voir le chapitre *Historique des sources minérales de Martigny*), en les reprenant ; le résultat qu'il a obtenu confirme en tous points le premier.

Il complète, en ce moment, son travail, en analysant les dépôts ocracés qui proviennent de l'écoulement des eaux sur le sol, et les mousses qui tapissent, comme de véritables stalactites, l'intérieur des puits.

APPENDICE AU TABLEAU

Arlwedson découvrit la Lithine en 1807, dans un minéral qu'on appelle *Petalite,* et ce chimiste lui donna le nom de *Lithos* (λίθος) *analogue* à la pierre ; on la rencontra aussi dans quelques minéraux rares *(Spodumen, Tourmaline apyre,* etc.), provenant des mines de fer d'Uto, et qui sont des silicates doubles d'alumine et de Lithine.

On la découvrit également dans l'*Amblygonite,* le *Tryphillin,* le *Lepidolithe.*

On la trouve, mais en petite quantité, dans l'*Eau de Mer,* dans les *Micas* et les *Feldspaths,* dans la cendre de plusieurs variétés de *tabac,* dans la *Météorite de Juvenas* (Bunsen), dans celle du *Cap,* dans le *granit* de l'*Oldenwald,* dans certaines espèces de *fucus (varechs),* dans les cendres de la *vigne,* dans la *lie de vin,* le *lait,* le *sang humain,* les *muscles,* etc.

En 1864, A. Miller prétendit l'avoir trouvée abondamment dans une *Eau minérale de Cornouailles*.

C'est en 1824 que Berzélius découvrit la lithine dans les eaux minérales, et prouva qu'elle existait dans l'eau de Carlsbad dans la proportion de 1 '/. partie pour 10,000 grammes d'eau.

D'après M. Marchand, l'eau des puits de Fécamp, les eaux des sources et des rivières qui se versent dans la mer, à Fécamp ou dans d'autres rivières, seraient toujours imprégnées de lithine qu'il représente à l'état de chlorure, mais à dose infinitésimale. Il la signale de même, à l'état de chlorure, dans l'eau de mer puisée à 8 kilomètres au large devant le port de Fécamp.

Quoi qu'il en soit, on ne voit pas figurer la lithine dans les analyses de toutes les eaux douces, à l'exception toutefois de celles étudiées par M. Marchand, qui soutient que cette base en fait toujours partie.

Jusqu'à présent, on la retirait de préférence du *Lépidolithe*, espèce de mica qui se rencontre en noyaux ou nids, surtout dans le granit de la Bohême ; l'extraction en est fort chère.

Dans 100 livres de sel extrait de la Mürquelle (Bade), on trouve 9 livres 3|4 de lithine, c'est-à-dire une quantité de cette matière valant 2,250 francs.

M. Grandeau a trouvé la lithine dans l'eau minérale de Pont-à-Mousson (Meurthe), célèbre du temps de Richelieu, dans les eaux-mères et produits de Varangéville-Saint-Nicolas (Meurthe).

M. Schroetter l'a trouvée dans les eaux-mères des salines d'Aussée, dans les micas de Zinnwald, et dans les cendres du bois de l'Oldenwald.

Le *lithium* à l'état métallique (dont la lithine est l'oxyde), est de couleur blanche éclatante, analogue à l'argent; son poids spécifique est inférieur à l'eau et à tout autre liquide (il surnage, par exemple, sur l'eau); il s'oxyde rapidement sous l'influence de l'air. Il se distingue par son poids atomique qui n'est que de 7, l'hydrogène étant pris pour unité.

La Lithine occupe le troisième rang parmi les corps alcalins fixes; elle forme une substance blanche, cristalline, d'une saveur caustique et à réaction alcaline très-intense, analogue en cela à la potasse et à la soude. Dans plusieurs de ses caractères chimiques, elle se rapproche beaucoup de ces deux bases; sous d'autres, elle ressemble à la magnésie et à la chaux (1).

Quant au Lithium, Bunsen observa que, dans toutes ses combinaisons, il offrait au *spectre* le phénomène de deux rayons ou stries, totalement différents entre eux, l'un de couleur jaune pâle, l'autre d'un rouge intense. Ce procédé dévoile distinctement, jusqu'à un millionième de milligramme, le carbonate de Lithine, et un centigramme du même sel donne lieu au *rayon* rouge, pendant la *durée d'une heure* entière.

(1) La Lithine a été, depuis plus de dix ans, reconnue par Liebig dans l'Eau-mère de la saline d'Unna.

DES

EFFETS PHYSIOLOGIQUES ET THÉRAPEUTIQUES

de

L'EAU MINÉRALE LITHINÉE

DE MARTIGNY-LÈS-BAINS

> Si les expériences ne sont pas dirigées par la théorie, elles sont aveugles, et si la théorie n'est pas soutenue par l'expérience, elle devient trompeuse et incertaine.
>
> BACON.

J'ai tout d'abord ouvert une sorte d'enquête au sujet de l'action thérapeutique de la Lithine, et j'ai reçu, à cet égard, les réponses les plus concluantes; j'ai rencontré les témoignages les plus probants de l'illustre professeur Garrod, de Londres, dont le savant traité (*The Nature and Treatment of Gout and Rheumatic Gout*) est classique; du professeur Schœnlein (de Bâle), qui m'écrit « qu'il ne saurait trop recommander ce précieux agent »; de mon ami, le

D^r Ch. Armsler (de Wildegg, en Suisse), mais plus particulièrement du professeur Dietrich (de Munich); ce dernier savant vient de publier les résultats de sa vaste expérience sur cette question. (*Blœtter für Heilwissenschæft.* 1re et 3e livr.)

.... « Le remède, par excellence, dit-il, dans le traitement de la goutte et de la gravelle est la *Lithine.* Au bout de quatre à six semaines de son usage, la tuméfaction morbide est amenée à résorption ; les mouvements de l'articulation malade sont indolores, si, du moins, le dépôt d'urate de soude est encore combiné avec de l'albumine, c'est-à-dire lorsque les tumeurs ne sont pas dures et bosselées. Cependant, j'ai vu même des tuméfactions de cette dernière espèce finir par être résorbées.... »

Le savant professeur raconte lui-même, ainsi qu'il suit, comment il a été amené à prescrire cette précieuse lithine :

« Je vais brièvement relater le cas qui m'a

conduit à prescrire de la lithine dans la
goutte. Une dame mariée, de 40 ans environ,
dans une position sociale des plus heureuses,
souffrait depuis longtemps de goutte chronique elle avait eu autrefois un infractus des
deux ovaires, surtout de celui de gauche,
sans cause connue, et dont elle fut guérie
par l'usage des eaux de Saltzbronn que je
lui avais conseillées ; mais elle resta sans enfants. La goutte s'était fixée aux articulations
des deux dernières phalanges des doigts de
la main gauche, qui étaient modérément
gonflées, mais douloureuses pendant les
mouvements et les variations de température. Ces articulations étaient indolores dans
le repos et lorsqu'elles étaient tenues fraîches. Les fonctions végétatives étaient régulières. Je traitai cette dame, pendant six
mois, au moyen de narcotiques et d'eau alcaline, mais sans résultat ; puis je l'envoyai
à Obertiefenbach, station balnéaire à source
faiblement sulfureuse et iodée alcaline, si-
tuée dans les Alpes de l'Algau, à 864 mètres
au-dessus du niveau de la mer. La malade y
resta quatre semaines, prenant des bains et
buvant de l'eau : mais la guérison de sa maladie ne fut point obtenue. Pendant près
d'une année je n'entendis plus parler de
cette malade ; plus tard, je fus appelé chez
elle pour un catarrhe stomacal et intestinal.
Alors j'appris qu'un monsieur de sa parenté
lui avait donné une recette contre la goutte
et qu'elle s'en était bien trouvée. Le remède
consistait en paquets d'une poudre blanche :
la malade prenait une de ces poudres dans
une hostie tous les matins, une heure avant
le déjeuner, qui consistait en café et pain.
Trois fois par jour elle frictionnait les articu-

lations malades avec un remède secret connu sous le nom d'*esprit d'huile* (*OElgeist*), et qui n'est probablement que de l'essence de genévrier. Au bout de quatre semaines de ce traitement, la tuméfaction articulaire commençait à diminuer, et six semaines après, elle avait complétement disparu ; la motilité était revenue sans occasionner de douleurs. « Je ne sens plus rien maintenant, me dit cette dame, sauf un léger tiraillement quand le temps devient mauvais. » Je demandai à voir la recette : elle était en français et contenait une prescription de 10 paquets de carbonate de lithine de 0,30 chacun, mélangé à du sucre, et portait pour suscription : A prendre chaque matin une poudre. »

M. le Dr Ruef (de Baden-Baden) est le seul qui, jusqu'alors, ait étudié l'action thérapeutique des Eaux minérales lithinées; aussi, vais-je rapporter quelques-unes de ses observations qui sont des plus intéres- cantes et surtout des plus frappantes (*Les eaux thermales de Baden-Baden, et les sources à Lithine*; Baden-Baden, 1863).

« J'eus à traiter, dit-il, une dame non mariée, âgée de 48 ans, atteinte de goutte depuis 14 ans, et plus ou moins percluse, à toutes les articulations. Elle ne quitte jamais le lit, les bras pressés contre le tronc, les coudes raides et courbés, les articulations digitales presque immobiles, en sorte qu'elle ne peut même porter les aliments à la bouche. De plus, il y a des intumescences et des incurvations des genoux, immobilité des hanches et des articulations des pieds.

« Le tout est accompagné d'une dysménorrhée très-douloureuse.

• La malade avait déjà essayé de tous les remèdes, fait deux saisons à Wildbad, plusieurs à Bade, sans résultat.

« Elle appartient à une famille dont tous les membres souffrent de la goutte à différents degrés.

« J'administrai à cette malade les doses les plus variées de lithine pendant dix semaines. J'obtins d'abord une grande mobilité de toutes les articulations, au point qu'au bout de trois semaines la malade put manger seule, faire quelques pas, quoique péniblement, dans sa chambre, simuler avec les doigts les mouvements du clavier, etc.

• Ce qui ne fut pas moins remarquable, c'est qu'après dix jours de l'administration de la lithine, la menstruation redevint entièrement normale. »

... « M. W..., de Bade, affecté depuis 28 ans de goutte à accès fréquents, souffre, depuis plusieurs années, de tuméfactions très-fortes des articulations des mains et des pieds, avec infiltration d'urate sodique telle qu'on distingue la substance blanche à travers la peau. Il y a deux ans, ces tumeurs s'ouvrirent et donnèrent issue à des masses de sel sodique. Aux oreilles, il se forma également des kystes sodiques d'un blanc brillant, dont quelques-uns très-sensibles finirent par se vider.

... • Après six semaines de l'emploi de la source lithique, toutes les infiltrations se dissipèrent ; les articulations tuméfiées n'avaient pas changé de dimension, mais les douleurs rongeantes (1) avaient complétement cessé. »

« Mᵐᵉ de C..., âgée de 42 ans, deux fois mariée, sans enfant, était affectée, depuis des années, d'une soi-disant pléthore abdominale, avec hémorrhoïdes très-douloureuses. Avec cela, elle souffrait souvent de névralgie faciale (2) et d'une irritation spinale qui avait, à la longue, déterminé une espèce de paraplégie. Au printemps de 1862, elle m'écrivit que ses jambes étaient tellement enflées et endolories qu'elle ne pouvait plus quitter la chambre.

« Je lui expédiai de suite 36 paquets de poudre de carbonate lithique, chacun de 10 centigrammes. Après que la malade eût épuisé les 36 poudres, je reçus d'elle une gracieuse missive dans laquelle elle m'annonçait sa *guérison.* »

(1) Les goutteux, soumis au traitement par la lithine, accusent parfois des douleurs forantes ou rongeantes ; quelques-uns ressentent une espèce de commotion dans les articulations ankylosées ; une personne eut même des mouvements involontaires douloureux, avec un craquement sensible à l'ouïe, dans des articulations condamnées depuis des années à l'immobilité. A toutes les crises douloureuses succédaient des sensations de bien-être et une plus grande mobilité articulaire.

(2) Ces névroses, en apparence idiopathiques, sont presque toujours le résultat d'une altération primitive et lentement envahissante du sang qui tâche de s'épurer par toutes sortes de localisations qui mettent ainsi un terme à la névralgie.

J'ai dit qu'une des propriétés les plus remarquables de la lithine était de rendre l'acide urique soluble, et que les urates de lithine étaient les plus solubles de tous les urates.

Lipowitz a trouvé que, si l'on fait bouillir le lépidolithe en poudre avec de l'acide urique, il se produit de l'urate lithique, quoique, dans ce minéral, la lithine soit combinée avec l'acide silicique, ce qui est certes un indice de l'extrême affinité de l'acide urique pour la lithine. Garrod a dissous entièrement, en l'additionnant d'acide urique, un carbonate lithique qu'il faisait bouillir dans de l'eau en excès, ce qui dénote que l'urate de lithine est plus soluble que le carbonate lithique. Le sel qu'on obtient ainsi est un bi-urate de lithine cristallisant en longues aiguilles; il correspond à l'urate de soude qu'on trouve dans le sang et les tissus des goutteux.

Le bi-urate de lithine est plus soluble dans l'eau qu'aucun autre urate; on n'en a pas encore toutefois nettement déterminé le degré de solubilité. Lipowitz s'est assuré que 1 partie de carbonate lithique dissolvait dans 90 parties d'eau bouillante 4 parties d'acide urique, avec dégagement d'acide carbonique, et que l'urate de lithine ainsi obtenu, dégagé de carbonate, se dissolvait dans 60 parties d'eau. Biswanger affirme que 1 partie de carbonate lithique dans 120 parties d'eau à la température du corps humain dissout à peu de chose près 4 parties d'acide urique.

Pour constater la puissance que possède le carbonate lithique de dissoudre l'urate sodique, Garrod fit l'expérience suivante : Un des métacarpiens, dont les extrémités phalangiennes étaient complétement infiltrées d'urate de soude, fut plongé dans un petit verre d'eau à la température ordinaire et à laquelle on avait ajouté quelques grains de carbonate lithique ; au bout de 2 à 3 jours, le dépôt d'urate avait disparu et l'os avait repris son état normal.

Avant Garrod, on ne connaissait rien sur l'administration interne de ce sel ; Pereire avait présumé seulement qu'il aurait pour effet de rendre les urines alcalines, et le docteur Aschenbrenner ajouta qu'on pourrait l'administrer à la dose de 25 à 50 centigrammes par jour.

Les essais tentés par Garrod dans le traitement de la diathèse urique et de la goutte chronique ont été très-satisfaisants : pris 2 et 3 fois par jour, à la dose de 5 à 20 centigrammes, en solution, le carbonate lithique ne développe aucun symptôme physiologique direct ou spécial, mais il exerce une influence signalée dans les cas de gravelle composée d'acide urique ; la formation des dépôts diminue ou cesse complétement ; les accès goutteux diminuent de fréquence, et la constitution des malades s'améliore sensiblement.

« J'ai alors, dit Garrod, acquis la conviction de l'efficacité des sels lithiques dans ces maladies. En effet, leur puissance alcaline étant très-élevée en raison du poids atomique minime, leur pouvoir de dissoudre l'acide urique et les urates est bien

supérieur à celui d'aucune autre
substance chimique, tandis que leur
action locale est tout à fait insignifiante et leur usage interne sans inconvénient aucun.

« Pour démontrer la supériorité
des carbonates lithiques sur les dépôts goutteux dans les cartilages, je
fis préparer séparément des solutions
de carbonate lithique, potassique et
sodique, à la dose de 5 centigrammes de chacun de ces sels dans 3o
grammes d'eau distillée. Je fis ensuite
immerger dans ces différentes solutions, durant 48 heures, de petits
fragments de cartilages infiltrés complétement d'urate sodique. Au bout
de ce temps, le cartilage plongé dans
la solution lithique se trouva entièrement libre d'urate ; celui qui bai-
gnait dans la solution potassique
avait perdu beaucoup de son urate ;
par contre, le cartilage laissé pendant les 48 heures en contact avec
la solution sodique fut trouvé dans
le même état, et sans aucune décomposition.

« Si l'on fait ces expériences avec

d'autres sels de lithine, comme, par exemple, avec le sulfate ou le chlorure lithique, et, si l'on compare leurs effets avec ceux des sels sodiques respectifs, l'action considérable des sels lithiques est incontestable, car, dans ce cas, il y a double décomposition ; il se forme du sulfate ou de l'hydre-chlorate de soude et de l'urate lithique devenu soluble ; c'est ainsi que les dépôts tophacés d'un cartilage peuvent être rendus solubles. »

Comme l'équivalent du lithium est faible, la lithine et ses carbonates jouissent de propriétés neutralisantes considérables, et sont bien supérieures, sous ce rapport, aux préparations correspondantes des autres bases alcalines.

Les sels de lithine sont de si puissants diurétiques que, chez certains malades, ils augmentent la sécrétion urinaire d'une manière incommode. Garrod a observé plusieurs cas dans lesquels une seule bouteille d'eau de lithine, prise au moment où le malade se couchait, obligeait celui-ci à rester debout une grande partie de la nuit, tandis que la même dose d'une solution de soude ne produisait aucun effet de ce genre.

On peut dire que cette puissance diurétique est telle que la quantité d'urine sécrétée dépasse de beaucoup la quantité d'eau minérale absorbée.

Les sels de lithine sont également les agents alcalisants les plus énergiques. Garrod a vu, chez quelques malades, l'urine devenir très-alcaline après l'ingestion de 30 centigrammes de carbonate de lithine dissous dans de l'eau gazeuse ; chez plusieurs autres, il a vu l'administration prolongée du même sel prévenir la formation des dépôts et des graviers d'acide urique pendant un laps de temps indéfini.

Enfin, les sels de lithine provoquent très-fortement la diaphorèse, et ce mode d'élimination vient encore, en s'ajoutant à la sécrétion rénale si abondante, favoriser l'expulsion et la fonte des matériaux de désassimilation. Les sueurs abondantes sont aussi un indice de suractivité fonctionnelle, et agissent parallèlement dans le sens dépurateur.

Lorsque la dose de boisson est forte, il est général d'observer cette diaphorèse. Je ne veux en citer, ici, que deux cas empruntés à ma pratique à Martigny.

Mme P..., riche Américaine, de complexion un peu forte, a les articulations phalangiennes des mains parsemées de petits *tophus* très-durs ; cependant ils ne sont pas assez développés pour entraîner la moindre gêne ; du reste, M. le Dr Binet (de Genève), qui lui a conseillé les eaux de Martigny, l'a fort étonnée en lui disant que c'était la goutte, car, elle n'a jamais ressenti la moindre douleur.

Au bout de quelques jours de traitement à Martigny, elle voit ses urines charrier une grande quantité de sables ; en même temps, se déclarent chez elle des sueurs si abondantes qu'il lui sembla être dans un bain de vapeurs (1). Pendant le cours de la cure, quelques douleurs apparaissent dans les articulations engorgées et dans la région rénale, en même temps qu'il s'établit une légère purgation.

(1) « Chez un tiers de tous les malades, dit le Dr Ruef (*Op. cit.*, page 123), il se produisit des sueurs, même chez ceux qui n'avaient plus transpiré depuis des années. Ces sueurs furent quelquefois excessives, même après la cessation du remède. Les urines toutefois n'en furent pas diminuées, elles furent, au contraire, assez abondantes pour solliciter l'émission quatre à six fois dans une nuit. »

M^mo P .. se trouvait, suivant sa propre expression *très-remuée*, et n'avait jamais, même à Marienbad, ressenti des effets aussi accentués. Vers la fin du traitement, la sédation s'opérait partout, et les tophus étaient tous ramollis au point de se laisser déprimer comme de véritables tumeurs fluctuantes ; beaucoup avaient même diminué sensiblement M^mo P..., eut, en cours de saison, plus tôt et plus abondante que d'habitude, sa période cataméniale, ce qui n'empêcha point la continuation du traitement.

M. R..., (de Lyon), est très-éprouvé, depuis 1860, par la goutte (goutte héréditaire) ; il a eu son premier accès à Rio-Janeiro et n'a nullement bénéficié de son retour en Europe. Constitution chetive, épuisée, tempérament bilieux. Il est couvert, en quelque sorte, de nodosités ; un *tophus* de la main droite s'est ulcéré et sécrète sans cesse de la matière crayeuse ; il y a au gros orteil gauche un énorme dépôt dur et lisse qui rend la marche extrêmement pénible, et force M. R... à avoir recours à deux cannes.

C'est en vain qu'il a fait deux saisons à Vichy ; il offre même l'aspect caractéristique des buveurs acharnés d'eau de Vichy, c'est-à-dire la cachexie alcaline à un haut degré.

Il se décide à venir à Martigny, après s'être préparé par l'usage de l'eau à domicile, dont, du reste, il se trouvait bien.

Sous l'influence de la boisson à haute dose et des grands bains, les sables ne tardent pas à apparaître dans les urines ; il y a une détente sensible dans les phénomènes morbides ; le tophus du pied se ramollit manifestement, et l'œdème concomittant du pied di-

minue d'une manière sensible ; aussi la marche devient-elle plus facile.

Malheureusement, ce malade ne peut faire
qu'une demi-saison ! *Diaphorèse continue.*

Encouragé néanmoins par les résultats obtenus, il revient un mois après faire une
deuxième demi-saison ; je n'étais plus à Martigny, et, en novembre dernier. je lui écrivis
pour savoir dans quel état il se trouvait.

« Il est certain, me répondit-il, que je me
trouve mieux qu'au mois de juillet, époque à
laquelle j'étais, du reste, sous l'influence
d'accès récents. Mon état de santé s'est amélioré ; mais le tophus du pied qui s'était ra-
molli sous l'influence du premier traitement
est toujours de même ; quoique l'œdème du
pied ait diminué, j'ai toujours le pourtour de
la cheville enflé, tous les soirs..... Je crois
que ma deuxième saison a été trop courte... »

Je pense également que ces résultats insuf-
fisants sont dûs au peu de temps que le malade a pu consacrer à son traitement.

L'apparition des sables dans les
urines est presque constante chez
tous les goutteux en traitement à
Martigny, ce qui donne bien raison
à l'origine étroitement liée des deux
affections.

« J'ai la néphrétique et tu as la
goutte, écrivait Erasme à un de ses
amis ; nous avons épousé les deux
sœurs. »

« Les goutteux, dit le D' Baud,

sont de même sang et de même race
que les calculeux ; ils ne diffèrent
qu'en ceci, que les premiers retien-
nent dans leurs tissus, et plus particulièrement dans ceux qui avoisi-
nent leurs articulations les matières
vicieuses dont les seconds se débar-
rassent par les urines ; ils subissent
également les fatalités d'une pré-
destination originelle ; il n'est même
pas rare que d'une même succession
des cohéritiers retirent les uns la
goutte, les autres la gravelle ; enfin,
dernier trait de ressemblance, un
certain nombre de sujets cumulent
les crises néphrétiques avec les attaques goutteuses ; d'autres encore deviennent calculeux à une certaine
époque de leur existence et cessent,
à dater de là, d'éprouver les manifestations de la goutte. Quant au défaut de réciprocité, car l'interven-
tion de la goutte n'a jamais interrompu le cours de la gravelle, il
justifie pleinement la différence de
fonctionnement morbide qui existe
entre ces deux affections. »

Un résultat non moins remar-

quable qu'on obtient avec les sels de
lithine, c'est qu'il n'est point nécessaire de discontinuer le médicament pendant un accès de goutte :
« Chez un malade, médecin d'Eper-
nay, dit le docteur Althaus, cité par
Garrod, il survint pendant l'usage
de l'eau une attaque régulière de
goutte, mais, en continuant le traitement, ce malade guérit si vite
qu'au bout de trois jours il put aller
se promener. »

J'ai eu, à Martigny, l'occasion de
vérifier ce fait dans les conditions
suivantes, entre autres :

M. Ch. L..., de Paris, frère d'un compo-
siteur célèbre, m'est adressé par mon excellent ami, le Dr Thévenet. L'histoire de ce malade est assez intéressante pour que je la raconte au long; elle servira, du reste, d'en-
seignement.

Il y a trente ans, M. L... ressentit, pour
la première fois, des douleurs rhumatismales
vagues; il eut une première attaque de
goutte, en Russie, en 1851; une deuxième en
1853; il se décida à aller à Bourbon-Lancy,
en 1856, immédiatement après un accès des
plus violents qui l'avait tenu alité un mois;
il fit là une saison fructueuse, et dont les résultats furent tels qu'il passa deux années
sans éprouver de nouvelle attaque, si bien
qu'en 1858, il retourna aux mêmes eaux, en

plein cours de santé. Mais, en 1860, se trouvant à Etretat, il eut, à la suite de bains de
mer prolongés, une attaque des plus aiguës,
et, depuis ce moment, les accès se renouve-
lèrent à de courts intervalles.

Lorsque je vis M. L. . pour la première
fois, en mai 1870, à Paris, il était alité de
nouveau et pris violemment des mains et des
pieds. A peine put-il se lever, qu'il m'arriva à
Martigny (fin juin 1870).

J'avoue que j'avais une certaine appréhen-
sion à entreprendre le traitement hydro-minéral sur un pareil malade ; j'étais trop certain que nos eaux réveilleraient très-promp-
tement des crises.

Dans son désir et sa hâte d'améliorer son
état, il se soumit, malgré moi, à une médication des plus énergiques, et finit par échap-
per presque complétement à ma surveillance.

Boisson à haute dose, deux séances de
douches très-chaudes et très-longues par
jour.

Au bout de huit jours, les résultats étaient
étonnants, et je commençais à me remettre
de mes appréhensions.

Le 18ᵐᵉ jour, toutes les articulations malades étaient devenues flexibles ; l'œdème
avait notablement diminué, et les douleurs
avaient disparu : « Je suis guéri, tout à fait
guéri », répétait le malade, à satiété.

Le 20ᵉ jour, survient un accès formidable ;
le poignet droit est horriblement pris, et il
faut garder le lit.

Je fais continuer la boisson, et j'y ajoute
même 0,40 et 0,50 centigrammes de carbonate lithique par jour.

Apparaissent alors, en grande abondance,

dans les urines, les sables que jusqu'alors j'avais vainement cherchés.

L'accès s'amende assez vite, mais, au moment où le malade allait se lever, nouvelle attaque dans le pied droit.

Je continue les mêmes prescriptions ; mêmes résultats. Le 30e jour, M. L... s'en retournait à Paris, encore éclopé, il est vrai, mais présentant une santé générale satisfaisante.

Je revis à Paris mon malade, au mois de novembre 1871, c'est-à-dire dix-huit mois après.

A son retour de Martigny, il n'avait fait que toucher barre à Paris, et s'était rendu à Étretat dans la famille de son frère ; là, il eut, à des intervalles assez rapprochés, de nouveaux accès très-douloureux, puis, une fois rétabli, il fit un voyage dans le midi de la France, et s'en fut passer une partie de l'hiver en Belgique et en Autriche ; amateur de la bonne table, et peu enclin à se discipliner sous ce rapport, il se laissa largement aller, et m'avoua qu'il avait fortement fêté le schiedam en Belgique ; depuis janvier 1871, malgré les fatigues de ce voyage, malgré ce régime surmené, il n'eut aucun accès, et il se trouve actuellement réinstallé à Paris, où je le vois très-souvent, dans un excellent état de santé.

Ainsi donc, ici, la goutte paraît avoir reçu, sous l'influence de nos eaux, un coup de fouet profond, et avoir déployé, en quelque sorte, son maximum de puissance avant d'arriver à une sorte d'épuisement.

Est-ce à dire cependant que cet exemple doive servir de règle de conduite dans tous les cas analogues? Je ne le pense pas, et continue à croire que, dans la généralité des cas, la goutte chronique seule relève des eaux minérales (1).

(1) Si l'on peut, avec les eaux lithinées, compter beaucoup d'exceptions à la règle, on doit supposer qu'elles sont dues à l'heureux effet de la lithine.

« Je fus appelé, dit le Dr Ruef (de Baden), en août 1861, en Alsace, auprès d'un malade attaqué d'un véritable accès de goutte aiguë. Le gros orteil du pied gauche était cramoisi et enflé, les douleurs intenses, enfin un érysipèle goutteux bien prononcé. Deux jours d'usage de carbonate lithique dissipèrent l'inflammation ; au troisième jour, le malade fut sur pied ; au quatrième jour, il put se promener, prônant avec enthousiasme le remède qui l'avait si vite rétabli, tandis que les accès antérieurs n'avaient cédé que lentement aux moyens ordinairement employés. »

Quoi qu'il en soit, l'observation m'a enseigné que les malades atteints de goutte aiguë, ou sous le coup d'accès récents, que j'avais traités à Martigny, avaient été infiniment plus secoués que les autres par la médication hydro-minérale ; il paraît s'être accompli chez eux, dans l'intimité de leurs tissus, de leurs humeurs, un tel mouvement que la maladie a dû, en quelque sorte, jeter toutes ses effluves, produire, sous forme de crises répétées, toutes ses manifestations avant de s'éteindre ; il y a donc là un effet particulier qu'il est bon de connaître.

Il sera toujours à craindre de traiter par les eaux minérales un goutteux sortant de son lit, parce qu'en
réveillant et en précipitant les accès, on peut amener des métastases
dangereuses ; cependant, lorsqu'on
sera bien sûr du tempérament de
son malade, qu'on aura bien étudié
la marche de son affection, on pourra employer, quand même, le traitement hydro-minéral, mais, en le
surveillant et en le mitigeant.

Dans le cas que je viens de rapporter, j'ai été servi par la nature,
mais, j'aurais très-bien pu éprouver
des mécomptes et avoir à me repro-
cher une tentative qui, du reste,
m'était inspirée par la vieille amitié
que je portais à mon malade et le
vif désir que j'avais de le remettre
sur pied.

M. N..., employé à la gare de Nancy, m'est
adressé par M. le docteur Poincaré pour coliques hépatiques anciennes et se reprodui-
sant tous les mois, depuis un an.

Il sortait, en quelque sorte, de son lit, en
arrivant à Martigny.

Malgré mes conseils, il se gorge de suite
d'eau minérale (16 et 18 verres le matin), et
bientôt, pris d'un horrible malaise et de nou-

velles coliques bien plus fortes que toutes celles qu'il avait déjà ressenties, est obligé de garder le lit plusieurs jours; je lui règle alors, en le surveillant, sa boisson, et ne lui donne que des doses très-fractionnées, mais en me servant de mon eau minérale concentrée (sorte d'eaux-mères) (1).

Le sixième jour, survient une crise épouvantable, et je trouve dans les selles un énorme amas de concrétions calculeuses

Ces accès furent suivis d'une sédation complète, et, le 18° jour, en examinant de nouveau les selles, je pus m'assurer que les calculs y étaient encore nombreux; mais, cette fois, ils passaient sans douleurs.

J'eus, depuis, des nouvelles de cet intéressant malade; les deux hivers qui suivirent sa saison à Martigny furent parfaitement calmes, et cependant, il put s'assurer lui-même qu'il rendait encore quelques concrétions biliaires; il a pris la résolution de ne plus boire, chez lui, d'autre eau que l'eau minérale de Martigny.

J'ai rapporté plus haut l'observation de mon excellent ami, M. P. L... (d'Epinal), atteint de coliques hépatiques violentes et surtout d'une fréquence désespérante (il en avait

_____

(1) J'ai, à Martigny, deux procédés de concentration : la congélation, pendant les grands froids de l'hiver, et l'évaporation par la chaleur, simple jusqu'au demi-volume.

Les sels se préparent par la méthode employée à Vichy, méthode que l'on a appelée *cristallisation confuse* (C. Daumas); les eaux minérales sont rapprochées jusqu'à 34° de l'aréomètre; on ralentit le feu et la cristallisation saline s'opère ensuite naturellement dans le fond même du bain d'évaporation.

Je songe, en outre, à faire comme en Angleterre des granules effervescents lithinés.

eu quatre dans la semaine qui précéda son
arrivée à Martigny). L'hiver qui suivit cette
première cure fut des plus calmes pour lui,
car, six mois après il m'écrivait : « Je commence à croire que je n'ai plus de foie, je ne
ressens plus rien de douloureux de ce côté,
et tout va bien, à part quelques symptômes
de dyspepsie (celle-ci avait été le prélude de
la lithiase biliaire) ; j'ai perdu, par exemple, le
riche embonpoint que tu m'as toujours
connu. »

La deuxième saison qu'il vient de faire à
Martigny est une vraie saison de *reconnaissance* plutôt que de nécessité.

J'ai dit que l'effet le plus saillant
des eaux de Martigny était d'augmenter rapidement et considérablement la sécrétion urinaire, à ce point
de la rendre parfois incommode ; j'a-
jouterai qu'il est non moins remarquable d'observer avec quelle rapidité se clarifient les urines.

J'ai-eu à traiter, à Martigny, des
catarrhes de la vessie à tous les degrés, depuis le catarrhe simple jusqu'au catarrhe purulent ; dans aucun
cas, cet effet des eaux ne m'a man-
qué.

Je me rappelle l'étonnement, la véritable
stupéfaction où était plongé un de mes malades, M. G..., de Dijon, lorsque, le lendemain
même de son arrivée, il put constater ce fait.

D'un âge déjà avancé, de forte complexion, il *trainait*, pour me servir de son expression, une vieille gravelle, et depuis longtemps ses urines étaient boueuses et la miction difficile.

Pendant qu'on procédait à son installation, il but une grande quantité d'eau minérale ; le lendemain matin, il me montra triomphalement son vase de nuit rempli d'urines claires, et dont le fond était tapissé d'une couche épaisse de sédiment briqueté.

Une demi-saison suffit à ce malade, tant l'effet produit par nos eaux fut rapide et profond.

Un fait d'observation non moins constant, c'est la sensation éprouvée de bonne heure par les malades de l'action de l'eau minérale sur l'intimité des tissus, et sur toute l'économie.

On a dit, à propos de ces eaux sulfatées calciques, qu'elles agissaient surtout par irrigation continue, en produisant une sorte de lavage général. Rien n'est plus vrai, mais il y a encore autre chose ; il y a des effets plus profonds.

M. S..., employé supérieur de la Compagnie des chemins de fer de l'Ouest, est atteint, depuis longtemps, d'hypertrophie de la prostate ; il vient fidèlement chaque année à Martigny. Dès *les premiers jours*, il éprouve, dit-il, une sorte de détente vers le col de la vessie ; la miction devient *immédiatement* plus facile ; les besoins fréquents d'uriner cessent d'être douloureux, et *il ferme à deux tours* sa boîte de sondes, d'après sa propre expression, bien avant la fin de sa saison.

Une pauvre femme de la campagne porte, depuis six mois, une petite tumeur un peu au-dessous du rein droit, tumeur dure et lisse ; elle a eu 22 crises de coliques néphrétiques, suivies d'émission médiocre de sables rouges dans les urines ; la tumeur ne s'est pas déplacée, et, en dehors des jours de crises, n'occasionne ni douleurs, ni gêne.

Vers le 8e jour de sa cure à Martigny où elle suit un traitement énergique et complet, un effroyable accès se développe ; il se fait, dit-elle, comme une déchirure dans la région rénale ; elle s'affaisse en sortant du pavillon des sources, et une miction involontaire se produit ; en la relevant, on trouve sous elle un véritable calcul de la grosseur d'une grosse olive, et à arêtes très-anguleuses, tellement saillantes que je ne puis tout d'abord m'expliquer comment je ne les ai pas senties par la palpation externe. En y réfléchissant, je crois pouvoir avancer que le calcul a subi, sous l'influence de nos eaux, un véritable travail d'usure, une sorte de désagrégation portant surtout sur le mucus qui servait d'enveloppe au corps étranger.

Nos eaux seraient donc ici bien différentes de celles de Vichy qui, au contraire, enduisent la pierre de mucus, et en dissimulent la présence, laissant ainsi les malades dans une illusion fâcheuse (1).

Il est de toute nécessité, dans les cas graves et invétérés, de soumettre le malade à une *médication hydro-minérale* énergique, et de l'astreindre parfois à des doses élevées de boisson. Or, il est également remarquable de voir avec quelle facilité l'estomac supporte ce déluge,

---

(1) Il est intéressant d'étudier l'action de ces eaux sur les *pierres vésicales.*

Lorsque celles-ci sont libres dans la vessie, après leur descente des reins, elles peuvent être brusquement engagées dans le canal de l'urèthre, et en sortir avec plus ou moins de difficulté, car ce n'est pas un effet dissolvant que nos eaux exercent sur les conduits urinaires, mais bien une action stimulante tonique : « Alors, dit le Dr Baud, cette exaltation spasmodique se détend, les uretères livrent un passage facile aux corps solides et liquides qui les parcourent, le canal de l'urèthre semble acquérir plus d'ampleur, le col de la vessie répond par une résolution plus prompte et plus complète à des contractions plus énergiques de son corps. J'ai vu tous nos malades se féliciter de la vigueur nouvelle avec laquelle ils vident leur vessie ; tous remarquent aussi l'accroissement sensible de leur jet. »

Tel est le cas le plus fréquent pour les calculs libres dans la vessie ; mais, il peut aussi arriver que ces pierres subissent, en quelque sorte, sous l'influence de nos eaux, un travail de désagrégation qui les convertit en magma boueux plus facile alors à expulser.

Quant aux *pierres adhérentes*, nos eaux détachent

avec quelle rapidité se fait l'absorption, et quelle heureuse stimulation il en reçoit, dans les cas mêmes où il paraît ne rien pouvoir supporter.

Mᶫᶫᵉ B..., d'un village avoisinant, m'est adressée par M le Dr Cornevin (de Bredannes), pour une gastralgie rebelle.

Je constate une chloro-anémie très-avancée : digestions très-laborieuses et très-lentes ; appétit capricieux ; digestion intestinale surtout très-paresseuse et très-douloureuse ; constipations opiniâtres ; miction des urines lente et rare ; céphalalgie constante ; syncopes fréquentes, précédées et suivies de vomissements.

La malade a un tempérament nerveux et impressionnable à un tel degré qu'elle est prise assez souvent d'attaques hystériformes de longue durée ; elle est très-amaigrie.

souvent ces calculs nummulaires qui s'exfolient de leur surface à leur base, et finissent par disparaître complétement, quelquefois dans le cours d'une saison (ces calculs sont composés de phosphates ou de phosphates ammoniaco-magnésiens).

On comprend ainsi les services que ces eaux peuvent apporter dans *certains* rétrécissements du canal de l'urèthre, en rendant perméable ce canal à l'instrument, à la sonde, en vertu de leur tonicité et de la dilatation qui en est la suite.

De plus, elles sont un puissant excitant de l'appareil génital, et il est à remarquer que cette tonicité fonctionnelle et organique se prolonge longtemps après que les malades sont rentrés dans leurs familles.

Enfin, elles modifient de la manière la plus favorable, en vertu de cette même tonicité, les écoulements chroniques et rebelles.

Les premiers jours de la cure furent assez infructueux pour que je cédasse aux instances de Mlle B..., qui, très-découragée, voulait rentrer chez elle, d'autant plus que le traitement avait fait avancer la période menstruelle de près de huit jours, en la rendant très-abondante.

Quel ne fut pas mon étonnement de la voir revenir au bout de quinze jours, la mine fraîche, l'œil vif, les lèvres souriantes, et me racontant que les eaux avaient sans doute agi à domicile (elle en avait emporté), car, elle ne se reconnaissait plus elle-même, et disait qu'elle ne pouvait se rassasier de boire de notre eau.

Cette fois, elle était bien décidée à rester autant que je le voudrais, et à boire n'importe quelle quantité d'eau.

Nous, continuâmes donc le traitement sans accidents ni sans secousses nouvelles : aussi, vers la fin du mois, l'amélioration était des plus manifestes ; les aliments passaient bien ; la miction des urines était devenue facile ; plus de constipations ni de vomissements.

Six mois après, j'eus des nouvelles de ma malade, qui m'apprenait que le mieux se maintenait.

L'action fondante de nos eaux se fait aussi rapidement sentir que l'effet laxatif ; il paraît y avoir connexion entre ces deux actes.

M. R... m'est adressé, de Chaumont, pour un engorgement douloureux du foie, et pour dyspepsie.

Je constate effectivement que le foie dépasse les fausses côtes de près de deux tra-

vers de doigt; que la palpation est très-sen-
sible dans cette région, ainsi qu'au creux
épigastrique.

M. R.. a dû cesser son commerce qui
l'astreignait à de longues courses soit à pied,
soit en voiture; quoique d'une assez forte
complexion, il n'a jamais vu de sable dans
ses urines; mais la miction n'est pas toujours
facile et le jet est filiforme et saccadé. Je le
soumets au traitement hydro-minéral complet; vers le douzième jour, il est pris de
douleurs très-aiguës: je l'examine de nouveau; je constate un retrait considérable du
foie et des sédiments dans les urines de la
nuit.

Je lui annonce qu'il est, comme tous mes
malades, sous l'influence de la saturation
thermale (il en était arrivé à boire 16 verres
par jour), que dans ces cas, il y avait un *coup
de fouet* dans l'affection, mais, que loin de
s'en alarmer, il fallait au contraire en tirer
une conclusion favorable.

Effectivement, dès ce jour, tous les symptômes morbides s'amendèrent; plus de pesanteur dans le côté droit; miction facile et
se traduisant par un jet plein; retour de l'appétit et bonnes digestions.

J'eus, dans la suite, des nouvelles de ce
malade; l'amélioration s'est tellement maintenue chez lui qu'il a pu reprendre ses occupations, et que le mouvement de la voiture
même ne lui occasionne plus de ressauts
douloureux dans le côté, ni de pesanteur vers
le col vésical.

M. M..., de Darney, m'est adressé pour
une hypertrophie de la prostate, et une atonie telle de la vessie que l'organe ne peut se
vider qu'au moyen de sondes.

M. M... est très âge (75 ans), d'une constitution chétive et sujet à des constipations
opiniâtres.

J'ai beaucoup de peine à pénétrer dans la
vessie, et j'en retire, en petite quantité, des
urines boueuses et sanguinolentes.

Il paraît que le malade est tenu en éveil
une grande partie de la nuit par des besoins
d'uriner, mais qu'il ne peut y arriver qu'en
se sondant lui-même, opération qu'il ne fait
pas avec tous les ménagements voulus, car
ces manœuvres ont déterminé une cystite du
col vésical.

Je l'amène assez vite à boire une haute
dose d'eau minérale, et je le soumets aux
bains de siège à eau courante et à la douche
ascendante, en un mot, à une médication
énergique.

Bientôt, il se fait une détente telle que, le
douzième jour, nous laissions les sondes de
côté ; la miction se faisait suffisamment et
sans douleurs ; les urines s'étaient clarifiées,
et la constipation avait cédé.

Ce malade s'en fut chez lui, le quinzième
jour, ne voulant ou ne pouvant faire qu'une
demi-saison ; mais il emportait, d'après mes
conseils, une bonne provision d'eau minérale.

Je ne le revis que deux ans après ; il m'ap-
prit qu'il ne s'était pas sondé une fois, dans
ce long intervalle, mais que ses urines étaient
de nouveau glaireuses et odorantes

J'eus raison très-vite de ce catarrhe vésical.

On ne peut assigner un rythme
égal à l'action des eaux minérales ;
leur effet varie avec chaque tempé-

rament, chaque constitution. Les
uns parcourent leur saison sans accidents, sans secousses; les autres
ne peuvent y arriver qu'au milieu
des péripéties les plus variées et souvent les plus sérieuses. Il n'y a pas
ici de règle absolue à établir et c'est
au médecin seul qui a l'habitude de
la pratique thermale qu'il appartient
de diriger le traitement, et encore,
malgré le degré d'observation auquel il est parvenu, que de fois
n'est-il pas surpris par des crises
imprévues?

On peut dire cependant que, dans
la plupart des cas, la médication
hydro-minérale donne un coup de
fouet à l'affection; il arrive souvent, par exemple, que la gravelle
ne commencera à disparaître qu'a-
près avoir donné lieu à une formation successive et beaucoup plus
abondante de sables ou de graviers
évidemment dus à une séparation
récente, et accompagnée de coliques
plus ou moins vives; tels sont les
effets initiaux de l'eau minérale de
Martigny, tandis qu'à la fin de la

cure, on ne retrouve plus ou que
fort peu de dépôt dans les urines.

Il y a là, en quelque sorte, trois
effets distincts consécutifs : en premier lieu, les sables accumulés dans
les réservoirs ont été poussés dehors
sous l'influence de l'eau minérale ;
en second lieu, ceux qui se repro-
duisent sont en grande partie dissous, et enfin, l'action intime de
l'eau minérale se faisant de plus en
plus sentir, la diathèse elle-même
est attaquée, et la tendance à une
production exagérée d'acide urique
est arrêtée, ou, du moins, sensiblement modifiée et enrayée.

Cet effet est bien différent de celui
qu'on obtient dans ce cas par les
eaux sulfureuses ; celles-ci, en effet,
poussent bien à la formation et à
l'élimination des urates dans l'organisme, mais, si cet effet est bienfai-
sant lorsque ces matériaux sont en
petite quantité et peuvent prendre
facilement les voies d'éliminations
normales, il devient des plus dange-
reux, lorsque la surcharge urique
est considérable, car l'action des

eaux la précipite dans les voies
anormales où elle tend à se jeter,
c'est-à-dire sur les articulations,
pour y produire des désordres ef-
frayants.

Il n'en est pas moins vrai que
l'action thérapeutique des eaux de
Martigny, action qu'on peut assimi-
ler d'abord à une grande lixiviation,
puis à une dissolution, remue pro-
fondément l'organisme dans les affections diathésiques, et détermine
souvent des crises aiguës.

Il est rare, par exemple, qu'en
cours de traitement, un goutteux
n'ait pas un ou deux accès qui sont
souvent d'une intensité remarquable; des douleurs jusque-là obtuses
se réveillent vivement; de nouvelles
coliques néphrétiques, hépatiques,
peuvent éclater chez certains malades qui n'en avaient pas ressenti
depuis longtemps.

J'ai même vu certains malades
tellement *remués* par nos eaux que
toute leur saison était une période
de souffrances.

Mme P..., du château de Bois-Boudrant,

m'est adressée par mon bien affectionné et distingué confrère, le Dr Deny (de Nangis), pour une gravelle urique d'ancienne date, avec atonie de la vessie et douleurs rhumatismales erratiques.

Je puis dire que, pendant toute sa saison, Mme P... n'eut pas une journée calme, et qu'elle fut en proie à des douleurs souvent intolérables, quoiqu'elle expulsât une grande quantité de sables. Cet orage ne s'apaisa qu'après son départ de Martigny ; l'amélioration ne fit que progresser, et lorsque je la revis, deux ans après, je la trouvai très-satisfaite de son état.

Un fait plus extraordinaire, c'est la manifestation de symptômes absolument opposés à ceux que l'eau minérale développe habituellement ; comme je l'ai déjà dit, l'effet diurétique est constant ; eh bien, je l'ai vu manquer dans un cas curieux.

M. L..., de Lyon, très-âgé et très-débilité, atteint de dysurie, avec hypertrophie de la prostate et cystite du col, vit augmenter, ici, sa dysurie, à un point tel qu'il était obligé d'avoir recours, à chaque instant, à la sonde. Très-inquiet de ce phénomène, il voulait retourner à Contrexéville dont il était, du reste, un ancien habitué, et qu'il ne quittait qu'à cause de l'humidité du parc où il avait pris deux accès de fièvre. Je parvins cependant, à la longue, à modifier cet état, avec quelques douches légères et en arrosoir sur la région périnéale, et en soumettant le malade à une boisson très-fractionné, cuille-

rée par cuillerée, en quelque sorte ; mais,
tout en me rendant maître de la situation, je
ne pus arriver à un résultat complet que
l'année suivante ; chez ce même malade la
constipation persistait, quoique l'effet le plus
constant de nos eaux soit aussi un effet laxatif et souvent très-purgatif, et il fallait, chaque matin, ajouter un peu de sel de Carlsbad
à son premier verre d'eau, ou recourir, de
temps à autre, au Pülna.

M. Leroy, d'Etioles, très-autorisé
en la matière, pense qu'on doit cesser le traitement dès qu'il détermine
des crises telles que des coliques néphrétiques, par exemple, chez un
individu qui n'en souffre pas souvent : « Les malades, dit-il, qui
sont sujets aux coliques et dont les
douleurs se sont montrées aux eaux
comme ailleurs, doivent momentanément cesser d'en faire usage pour
les reprendre plus tard. L'expérience a démontré qu'en présence d'un
accès de goutte tonique bien caractérisée, on doit suspendre la continuation du traitement..... »

Cette règle me paraît beaucoup
trop absolue ; j'estime, au contraire,
qu'avec des eaux accentuées, comme
nos eaux lithinées, par exemple, le

réveil des douleurs, des crises, est
une indication précieuse, une véritable pierre de touche, que c'est là
un indice de l'action réelle de l'eau
minérale, et que, bien loin de discontinuer le traitement, il faut le
suivre, en y apportant, bien enten-
du, les ménagements nécessaires et
les restrictions commandées par l'a-
cuité ou la durée des accès douloureux.

Je suis arrivé à une telle conviction à cet égard que je puis prédire
à chacun de mes malades les phases
de son traitement à Martigny, et
que j'assiste avec joie à l'explosion
de quelque crise, certain que je suis
alors de l'action réelle exercée par
l'eau minérale sur l'intimité des tissus, des organes ; ce n'est pas autrement qu'on peut s'attaquer à la diathèse même.

C'est alors que, me servant d'une
expression impropre, je dis à mes malades : « Vous avez la *fièvre thermale.* »

Je juge de deux manières différentes l'apparition des crises dans
le cours du traitement hydro-mi-

néral. Si elles apparaissent dans
la première moitié de la saison, elles
me paraissent constituer un augure
favorable, et je continue la médication ; si elles éclatent vers le milieu
de la saison, et si elles persistent,
ou augmentent d'intensité, il me
paraît alors, mais seulement, pru-
dent de suspendre le traitement ; il
y a là une sorte de *saturation* thermale qu'il ne faut pas dépasser ; il
vaut mieux s'arrêter, au risque de
reprendre plus tard, car alors la to-
lérance ne serait plus possible. Cet
état de saturation se révèle par des
symptômes singuliers auxquels j'ai
donné le nom d'*ivresse thermale*; le
malade est, on peut le dire, légèrement enivré (1). Sa tête est un peu
dans les brouillards, ses oreilles

(1) Un de mes malades était tellement sous l'influence excitante de l'eau minérale qu'il en chan-
celait souvent ; il était pris, parfois, au déjeuner,
d'un fou rire : « Ne faites pas attention, disait-il,
je suis *saoûl*, ce matin, d'eau de Martigny, et, ma
foi, c'est une si douce ivresse, que je m'y laisse
aller. » Ce même malade était fort préoccupé du
réveil de l'appétit génital : « A mon âge (62 ans),
me disait-il, cet état est fort ridicule : dites-moi,
pour me tranquilliser, que c'est un effet de vos
eaux. »

7

bourdonnent, ses yeux s'injectent
très-légèrement ; il y a des tendan
ces à la somnolence, à une folle
gaîté ou à l'accablement.

On observe, à Martigny, comme à
Vichy, que certains graveleux rendent, une fois arrivés à ces eaux et
dans une seule saison, en très-peu
de temps, d'énormes quantités de
graviers de grosseur variable ; puis
bientôt, la quantité de sables qu'ils
rejettent va diminuant progressivement, la couleur des concrétions va-
riant, selon les individus, du rouge-
brique foncé au jaune, puis du jaune
au blanc, signe infaillible de la
complète disparition de la gravelle (1).

Lorsque la quantité de graviers
rendus est très-considérable, M. Leroy d'Etiolles suppose à bon droit
que l'accumulation de ces concrétions se fait dans les calices, les
bassinets, dont les parois peuvent
subir une grande extension.

(1) Ce changement, qui s'opère dans la couleur
du précipité est dû à la présence d'une proportion
croissante d'urate de soude remplaçant alors l'aci-
cide urique.

« Lorsqu'une expulsion si abondante de concrétions s'opère aux eaux,
on ne peut l'expliquer que par une
formation subite ou très-récente. Les
graveleux en traitement boivent, en
dehors de leurs repas, huit ou dix
verres d'eau par jour ; les reins sé-
crètent l'urine avec une activité
qu'ils n'avaient pas auparavant, et
pour peu que l'ouverture du bassinet
dans l'urèthre soit obstruée par des
graviers, les membranes élastiques,
musculo-fibreuses qui forment l'ure-
tère, les calices et le bassinet sont
distendus davantage par le liquide ;
les ouvertures, par ce fait, sont dila-
tées, et elles livrent passage à des
concrétions qui naguères étaient retenues ; le fait seul de l'expansion
des poches multiples formées par
les calices au devant du rein change leurs rapports habituels avec cet
organe et déplace les graviers rete-
nus dans les endroits resserrés. Il
faut encore tenir compte de deux
influences dans cette explication :
la vitalité de l'organe est modifiée,
sa contractilité augmentée par l'effet

des eaux, et les propriétés chimiques
de ces dernières empêchent l'accroissement ultérieur des concrétions, et
mettent fin aux adhérences directes
que certaines d'entre elles pouvaient
avoir avec les tubes urinifères, ainsi
qu'on en rencontre parfois quand on
ouvre des reins renfermant des concrétions. »

Il n'est pas admissible que ces
phénomènes de contractibilité, de
dilatibilité des canaux excréteurs,
de suractivité des fonctions rénales,
dus à l'action de nos eaux s'accomplissent sans douleur, sans secousses
parfois violentes, et, je le répète,
j'ai remarqué que telle devait être
la règle ; je n'ai que l'embarras du
choix dans mes observations :

Je reviens encore à l'exemple de mon ami
P. L... (relatée page 43). Ce furent nos eaux
qui le mirent sur la voie de son affection ;
poussé par le désir de me voir, il vint passer
un jour ici, et, trouvant l'eau à son goût, en
but à même. Six mois après son retour à
Épinal, il était pris, à son grand étonnement,
de coliques hépatiques des plus violentes ;
bientôt les crises se succédèrent à de courts
intervalles (trois et quatre fois par semaine),
et la santé générale ne tarda pas à s'en res-

sentir vivement. — Il ne fallut rien moins
que mes instances réitérées pour le décider à
venir faire une saison à Martigny ; il se mé-
fiait de ces eaux qui paraissaient avoir en-
gendré de toutes pièces une affection que
rien ne pouvait faire soupçonner chez lui,
quoiqu'il fut légèrement dyspeptique depuis
quelque temps déjà.

J'ai raconté comment il passa sans crise
aucune cette saison; tout en rendant une
grande quantité de calculs biliaires.

Nos eaux avaient donc tout d'abord poussé
vivement à l'excrétion des concrétions, puis,
imprimant peu à peu leur action fondante et
résolutive sur l'intimité même des humeurs
et des tissus, rendaient libre, comme dans un
canal largement ouvert, le passage des calculs.

Deux ans se sont déjà écoulés sans rechute.

M. G.., chef de dépôt à la gare de N...,
est atteint, depuis quelques années, de coliques hépatiques très-douloureuses et fréquentes.

Dès les débuts de son traitement à Martigny, il est pris d'un violent accès qui le tient
deux jours alité, et qui détermine des souffrances tellement aiguës que je lui fais quelques injections morphinées avec la seringue
hypodermique de Wood ; je continue le traitement hydro-minéral qui détermine un
deuxième accès moins violent, quelques
jours après ; je m'assure que le malade rend
des quantités considérables de calculs et j'in-
siste. La fin de la saison se passe sans nouvelles crises, et le malade nous quitte en
très-bon état, en me promettant de continuer
l'usage de l'eau minérale à domicile.

J'ai eu de ses nouvelles dix-huit mois après ; aucune crise ne s'était manifestée, et la santé s'était maintenue excellente.

Miss M.., , atteinte de goutte héréditaire chronique, a les doigts des deux mains couverts de tophus qui sont encore mous, mais assez volumineux pou rendre tout mouvement des articulations fort difficile et douloureux et empêcher la flexion ; c'est une goutte héréditaire dont les manifestations ont été multiples et n'ont épargné, pour ainsi dire, aucune région du corps.

Au bout de huit jours de traitement, ces concrétions ont augmenté sensiblement de volume, et déterminé de l'œdème et de la rougeur avec plexus veineux dans les téguments externes.

Cette malade s'en montre très-effrayée, et me poursuit de ses doléances.

Je lui annonce qu'elle est, au contraire, en bonne voie, et que ce petit travail inflammatoire est une évolution nécessaire à la résolution de ses tumeurs ; deux jours après, son étonnement était sans égal de voir toute rougeur effacée, une diminution notable des concrétions, et le jeu des articulations presque entièrement libre. La flexion des doigts est telle qu'elle peut se servir elle-même à table, et, bien mieux, écrire.

Encouragée par ce résultat, la malade passa ici un mois entier, au bout duquel elle avait recouvré tous les mouvements des doigts, et pouvait fermer la main complétement. Les tophus des pieds avaient suivi la même décroissance, et la marche se faisait sans difficultés ni fatigues.

La quantité de sables rouges excrétés avait

été considérable dans les derniers temps de
la cure (1).

Dans les premiers temps, je faisais administrer sur les membres engorgés de petites
douches en jet divisé (fer de lance), puis, ces
douches étant devenues trop douloureuses,
je les avais remplacées par de la pulvérisation produite au moyen de l'appareil à insuf-
flation d'éther de Richardson.

La grande particularité de cette observation fut l'intermittence des symptômes : un
jour, les doigts paraissaient entièrement dé-
gagés ; le lendemain. l'œdème reparaissait.

Quoi qu'il en soit, l'amélioration s'est
maintenue, car, cinq mois après, je revoyais
la malade très-satisfaite de son état.

Je n'aurais qu'à feuilleter mon
cahier d'observations pour retrouver cette constance d'effets thérapeutiques dans toutes les affections que
j'ai traitées ici.

J'ai noté, avec soin, l'effet laxatif, et souvent même très-purgatif
des eaux minérales de Martigny ;
j'y attache de l'importance, et, ici
encore, je me trouve en désaccord
avec M. le Dr Leroy, d'Etioles, dont
je cite souvent le nom, car je consi-

(1) Il y a trois ans; cette malade avait déjà vu
quelques sables dans ses urines: de rouge qu'ils
étaient d'abord, ils avaient passé au blanc ; elle
avait même expulsé un petit gravier blanchâtre.

dère son *Traité de la gravelle* comme
le meilleur livre qui ait été écrit
sur la matière.

« Les malades, dit-il, que l'eau
purge, doivent momentanément en
cesser l'usage, pour le reprendre ensuite avec ménagement. On sait que
si les eaux purgent elles ne sont
pas absorbées et leur action est absolument nulle. »

Je ne sais si mon distingué confrère a voulu parler seulement de
l'eau de Vichy, qui resserre plutôt
qu'elle ne relâche ; mais si son af-
firmation comprend toutes les eaux
alcalinées usitées dans le traitement
des affections que nous envisageons
ici, il me paraît qu'il est allé trop
loin (1).

Je pourrais citer bien des cas
où l'action purgative de l'eau mi-

(1) « L'effet purgatif de ces eaux, dit le Dʳ Ro-
tureau, n'est qu'une indigestion d'un liquide inof-
fensif agissant plus par son propre poids que par
l'activité des principes qu'il contient (*Les princip.
eaux minér. de l'Europe* ; Paris. 1859), et cela résulte de l'usage où sont les médecins de ces stations de faire boire à leurs malades d'énormes
quantités d'eau. »
Je me contenterai de répondre à cette observa-.

nérale m'a été très-utile. Dans les
affections gastralgiques, la constipation est la règle commune, et c'est,
à coup sûr, le premier symptôme à
combattre ; j'ai observé que le traitement hydro-minéral reposait en
grande partie sur cette indication et
que nos eaux n'en exerçaient pas
moins leur action sur l'intimité des
organes.

Un fait qui m'a frappé dans
le traitement des affections du tube
digestif, est l'apparition des sables dans les urines de beaucoup
de malades, ce qui me porterait
presque à rattacher toute une classe
de dyspepsies gastralgiques à la diathèse urique. Quoi qu'il en soit,
l'effet purgatif de nos eaux constitue ici un élément précieux dans la
cure.

C'est souvent le premier acte qu'on
enregistre :

tion qu'il n'est pas rare, quoique nos eaux soient,
en général, purgatives, ou au moins laxatives, à
dose moyenne, de voir des malades rester réfractaires à cette purgation, tandis que d'autres sont
violemment purgés avec quelques verres seulement.

M. B..., instituteur des environs, est atteint de coliques néphrétiques depuis trois mois ; les accès ont été fréquents et douloureux, et les graviers rendus assez volumineux.

Les premiers verres d'eau de Martigny produisent une purgation accentuée qui se maintient pendant toute la durée du traitement ; la première moitié du séjour fut assez pénible à cause du réveil des douleurs qui, sans être des accès, n'en étaient pas moins fort vives ; pendant ce temps, le malade excrétait une quantité notable de graviers ; malgré les épiphénomènes qui sont, du reste, comme je l'ai déjà dit, la règle générale, le traitement ne fut pas interrompu un seul jour, et le malade nous quitta dans un excellent état.

M. L..., instituteur, atteint d'albuminurie, vient me consulter. N'osant trop l'engager à rester à Martigny, je l'engage à emporter de l'eau, et à *essayer*, chez lui.

Huit jours après, il me revient, très-décidé à faire un traitement sur place, parce que, me dit-il, il a aperçu une notable diminution dans le dépôt de ses urines.

Ce malade très-nerveux, très-affecté, passait, on peut le dire, toute sa journée à verser de l'acide nitrique dans ses urines, et se lamentait sans cesse.

Non-seulement la quantité d'albumine était considérable dans les urines, mais encore je trouvai, sur le champ du microscope, plusieurs cylindres fibrineux et une masse de débris d'épithelium.

L'état général était lui-même grave : l'anasarque était très-prononcée ; les mains étaient œdématiées et la figure empâtée ; les trou-

bles cérébraux étaient déjà avancés; la vue
était affaiblie et nuageuse, les doigts étaient
agités de tremblements tels qu'ils ne pouvaient plus tenir la plume; les idées n'étaient
plus nettes; toute contention d'esprit impossible; il y avait perte d'appétit; le malade
souffrait de douleurs erratiques dans les reins,
les membres et surtout la tête; il y avait
même hydrocèle du cordon.

Cet état ne datait que du mois de janvier
1871, époque à laquelle le malade, alors dans
la garde mobile, fut exposé à des privations
et surtout à des refroidissements considérables.

Tous les traitements usités en pareil cas
avaient été tentés inutilement et l'affection
progressait vite.

J'étais fort embarrassé de ce malade qui
passait des heures à raisonner son état, et
cherchait du matin au soir à lire dans mes
yeux ma pensée.

Jusqu'au quinzième jour du traitement hydro-minéral, je n'aperçus aucun changement
dans la situation de mon malade, et j'avoue
que je cherchais un moyen de m'en dé-
faire.

Le seizième jour, il se produisit une dé-
bâcle, c'est-à-dire une véritable superpurga-
tion et une diurèse abondante; immédiatement, le précipité albumineux diminua de
moitié, et l'infiltration commença à se résor-
ber, en même temps qu'une heureuse stimulation se déclarait dans tous les organes.

Lorsque le malade me quitta, l'anasarque
avait diminué des deux tiers; les tremblements avaient disparu, et la gaîté revenait.

J'aurais voulu le garder plus longtemps;
je ne pus même le décider, chose bizarre, à

emporter de l'eau pour en continuer l'usage
à domicile.

J'eus de ses nouvelles par sa sœur que j'a-
vais traitée à Martigny même, avec succès,
d'une migraine très-tenace, migraine qui
n'était autre qu'une névralgie rhumatismale-
goutteuse.

Mon pauvre malade avait vu reparaître
l'albumine en aussi grande quantité que
dans le principe, et l'anasarque semblait refaire des progrès ; aussi, faisait-il venir en
toute hâte des bonbonnes d'eau minérale de
Martigny.

L'observation suivante me paraît
un type, au point de vue de l'effet
thérapeutique de nos eaux ; aussi,
vais-je la donner avec les plus grands
détails ; il s'agit ici, du reste, d'un
homme fort instruit, très-bon obser-
vateur, et qui a fait sur lui-même,
avec nos eaux, plusieurs expériences
fort intéressantes qui ont donné
lieu, entre autres, à un des tableaux annexés à cet opuscule.

M. C..., ancien officier de marine, d'une
famille de goutteux, eut, en Chine, il y a dix
ans, des coliques néphrétiques, à la suite
desquelles il rendit beaucoup de graviers.

De retour en France, il va faire une saison
à Contrexéville, afin de traiter une gravelle
qui se traduisait tantôt par des sédiments
rouges, tantôt par des dépôts blanchâtres.

A Marseille, il est pris d'une cholérine,

puis d'une violente gastralgie ; il fait, en
1860, une saison à Vichy, et, l'année suivante, à Allevard, où il prend beaucoup de
douches.

A son retour d'Allevard, il a toute la figure
et le cuir chevelu envahis par un eczéma
impétigineux, et le corps couvert de gros
furoncles ; il va traiter cette affection avec un
succès douteux à Uriage.

Son premier accès de goutte remonte à
trois ans ; le poignet droit est violemment
pris ; deux autres accès apparaissent dans le
cours de la même année. L'hiver dernier, il
reprit du service et déploya une grande activité pendant le siège de Paris : il ne ressentit
rien, et ce n'est qu'en mars 1871 qu'apparut
un nouvel accès au pied droit ; de mars à
juillet, il eut cinq accès, le dernier, de nouveau, au poignet droit qui s'est œdématié du
jour au lendemain, cette fois sans grande
douleur.

Dès qu'il peut sortir, il vient à Martigny et
me montre une main extrêmement tuméfiée
et condamnée à une immobilité absolue, depuis quatre semaines.

En présence d'une localisation si nette, je
le soumets de suite au traitement hydro-minéral.

Je puis dire que les premiers verres d'eau
minéra'e ont *saisi* ce malade, pour me servir
de son expression. Miction énorme, super-
purgation, vive stimulation des fonctions
gastriques et, puisqu'il me l'a avoué, géni-
tales.

L'œdème de la main tombe rapidement, et
les mouvements deviennent bientôt assez faciles pour que le malade, de sa nature très-
actif, puisse reprendre sa correspondance.

A différentes reprises, je trouvai des sables dans les urines, et, vers la fin du traitement, un gravier blanc.

L'eczéma ancien qui s'était maintenu derrière les oreilles et dans la région mentonnière, disparaît également.

Le malade nous quitte au bout d'un mois de séjour à Martigny, et retourne à Paris.

Au mois d'octobre de la même année je le revois, à Paris, très affaibli par une dyssenterie, très amaigri, et le teint complétement jaune, avec l'aspect plus lymphatique que jamais. Son poignet était, du reste, dans un bon état.

Je pense qu'il était sous le coup de quelque préoccupation grave, car je ne tardai pas, quelque temps après, à le retrouver *remonté*, et je pus juger, à sa mine enjouée, que le moral chez lui gouvernait en grande partie le physique.

Un mois plus tard, je recevais de lui une lettre dans laquelle il m'annonçait qu'il venait d'être pris de violentes coliques néphrétiques, et m'invitait à venir saisir le *corps du coupable*.

Effectivement, il rendit une grande quantité de graviers, et put bientôt se lever et partir pour l'Espagne.

Depuis sa rentrée à Paris, il buvait de l'eau de Martigny, et parfois, comme à Martigny même, il ressentait quelques douleurs lancinantes dans le poignet droit et les pieds.

Cette observation n'a pas besoin de commentaires, car elle donne largement raison aux déductions que j'ai tirées de l'action réelle des eaux de Martigny.

C'est M. C... qui me fit observer la différence si radicale qui existait entre notre eau minérale et de simples diurétiques.

Ainsi, il remarquait que la miction n'était abondante qu'à partir de 9 heures du matin, quoiqu'il eût commencé à boire dès 5 heures ; de midi à 6 heures du soir, il y avait ralentissement, et enfin c'était surtout pendant la nuit que l'élimination devenait considérable.

L'eau minérale séjourne donc quelque temps dans le corps avant de s'en aller par les urines et l'effet produit est plus profond, plus intime qu'une simple irrigation.

Une comparaison assez vulgaire à l'appui de ce fait vient vite à l'esprit : les buveurs de bière, qui sont des *pisseurs émérites*, savent fort bien que ce besoin n'existe que pendant la séance *bachique* ; la première miction entraîne vite le contenu du premier verre, de même

que la dernière a raison du dernier non moins rapidement.

Notons aussi la grande sensibilité
gardée par le canal de l'urèthre pendant les premiers temps qui suivent
la cure hydro-minérale, sensibilité
telle que « si je n'étais bien sûr de
moi-même, me disait M. C..., je
croirais être *contaminé*. »

Les eaux minérales de Martigny
peuvent enfin modifier la nature des
sédiments urinaires, aider, par
exemple, à la transformation de la
gravelle phosphatique, qui est la
plus tenace de toutes, en gravelle
urique, fait d'autant plus remarquable qu'il s'agit de deux substances que des conditions pathologiques très-opposées peuvent seulement produire : le phosphate de
chaux et de magnésie, indice d'une
grande débilité, d'un trouble organique profond, et l'acide urique,
qui lui a succédé, et dont la présence révèle une constitution plutôt robuste, un excès de sève.

Les eaux minérales de Martigny
auront donc également pour effet

de modifier la nature des concrétions, en rendant au sang les éléments qu'il aurait perdus.

M. le curé de G..., d'un grand âge, et assez obèse, est atteint à la fois de goutte et de gravelle.

Les attaques de goutte sont périodiques ; elles se déclarent tous les trois ans ; à chacune de ces époques, la gravelle disparaît pendant quelques mois, puis reprend son cours, une fois toute atteinte de goutte épuisée.

A l'époque où je reçus ce malade, il était particulièrement incommodé de sa gravelle : l'urine catarrhale, très-odorante, laissait déposer des phosphates calcaires d'un aspect nettement crayeux, et en grande abondance. Il y avait une véritable rétention d'urines due à une atonie très-prononcée de la vessie et à une hypertrophie de la prostate et qui nécessitait l'emploi journalier de la sonde.

L'effet des eaux de Martigny fut très-accentué ici et se traduisit par une série de phénomènes des plus curieux.

En cours de saison, le malade fut pris d'une colique néphrétique, avec hématurie ou *pissement de sang*, et expulsion de graviers grisâtres (de phosphate triple de chaux, d'ammoniaque et de magnésie) ; quelques jours après, les graviers rendus étaient jaunâtres, et formés en partie par de l'urate de chaux et d'ammoniaque.

Vers le milieu de la saison, il survint un accès de goutte, quoique la période écoulée depuis le dernier accès ne fût que de dix-

huit mois (c'était la première fois qu'il cons-
tatait cette irrégularité), accès qui parut dé-
terminer la disparition presque subite des
sables et des graviers ; le vingt-sixième jour
de la cure, reparaissent les sables et les graviers, mais, cette fois, c'était de l'acide urique sans aucun mélange ; en même temps,
l'urine se clarifie et devient beaucoup moins
ammoniacale.

Le malade nous quitte dans cet état très-
satisfaisant. J'ai eu, à deux reprises différentes, et à de longs intervalles, de ses nouvelles. Cette amélioration s'était maintenue,
grâce à l'usage de l'eau de Martigny a domicile, et la miction se faisait maintenant sans
le secours de sondes. « De plus, m'écrivait
M. le curé de G..., mon embonpoint a diminué mais sans secousses ni affaiblisse-
ment ; au contraire, je m'en trouve fort bien,
et mes fonctions s'accomplissent mieux... »

Cette dernière particularité constitue un fait à peu près constant
dans celles de mes observations qui
s'y prêtent et quelques-uns de mes
malades ont même constaté sous ce
rapport une perte sensible de poids,
ce qui les étonnait d'autant plus
que, en cours de traitement, l'estomac est vivement stimulé, et que
l'appétit prend souvent des proportions formidables.

Si, dans la majorité des cas, l'effet thérapeutique de l'eau minérale

de Martigny se prononce de bonne heure, il en est d'autres où il n'est, en quelque sorte, que posthume, et il est bon d'en être averti, afin de ne pas laisser en proie au découragement les malades qui tout d'abord paraissent n'avoir retiré aucun bénéfice de leur cure hydro-minérale.

Il y a deux ans, une forte femme de la campagne me fut adressée pour une sciatique invétérée et douloureuse. Je pensais déjà, et l'expérience n'a fait que confirmer mes prévisions, que nos eaux ne pouvaient exercer aucune action sur les affections rhumatismales simples ; en interrogeant ma malade, j'appris qu'elle avait des goutteux dans sa famille et qu'elle-même avait déjà rendu des sables dans les urines ; je la gardai donc.

Un traitement régulier et complet de 21 jours n'amena aucune amélioration, et la malade s'en fut, convaincue, comme moi, que nos eaux n'avaient aucun effet dans les rhumatismes simples comme paraissait le sien.

Je la perdis de vue, et ce ne fut que deux ans après que j'appris par sa sœur que je traitais pour la gravelle, que six mois seulement après son retour de Martigny, elle avait vu disparaître ses douleurs en grande partie, et pouvait dès lors vaquer à ses occupations.

M. X..., rédacteur du *Figaro*, en cours de saison à Contrexéville, vient visiter notre établissement en compagnie de M. le docteur Treuille, médecin de la première station. Cet honorable confrère lui avoue que notre deuxième source renfermait beaucoup plus de fer et de magnésie que la source du Pavillon, de Contrexéville, et qu'il ferait bien de venir compléter sa cure chez nous.

M. X... était atteint d'impaludisme, avec hypertrophie de la rate, affection consécutive à un long séjour dans l'Amérique du Sud.

L'année suivante, je vis effectivement arriver à Martigny M. X..., très-amaigri, très-anémié, voûté, pouvant à peine s'exprimer, et sans cesse grelottant.

Sa constipation opiniâtre ne tarda pas à céder à l'usage de l'eau en boisson, et de nombreuses séances d'hydrothérapie avec l'eau minérale lui rendirent vite des couleurs et cet esprit fin et délié, qu'on lui connaissait depuis longtemps, ne tarda pas à nous charmer. La rate avait repris son volume normal et n'était plus sensible.

Mme D..., des environs, m'est adressée par le Dr Cornevin (de Brevannes). Chloroanémie, dyspepsie flatulente, leucorrhée, constipations opiniâtres. Mme D.. était, de plus, atteinte d'une kératite diffuse qui la privait presque complétement de la vue. Enfin, elle était enceinte de deux mois.

Elle fut très-remuée par nos eaux, et, le dixième jour, l'état général s'était sensiblement amélioré.

Je fus très-surpris de l'entendre, un jour, me dire qu'elle ressentait dans le fond des orbites des douleurs cuisantes, et, qu'à certains moments, sa vue semblait revenir, tandis qu'à d'autres elle s'obscurcissait encore davantage. Elle m'avait, du reste, prévenu que deux fois déjà, sans cause connue, elle avait, il y a deux ans, quasi recouvré la vue.

Tel est, en effet, le caractère de ces kératites qu'on pourrait appeler *oscillantes*. Je n'y fis pas autrement attention, n'ayant aucune expérience à cet égard ; mais quelle ne fut pas ma surprise, en recevant, huit mois après, une lettre de cette malade où elle me disait que sa santé générale s'était singulièrement améliorée, grâce à l'usage de l'eau de Martigny bue à domicile, et qu'elle avait presque entièrement recouvré la vue ; elle avait accouché d'un gros garçon.

On sait que les bicarbonates de toutes les bases contenues dans nos eaux minérales sont aisément décomposés par les acides de l'estomac, qui s'emparent de la base et dégagent l'acide carbonique. Ces bicarbonates sont, dans les eaux minérales de Martigny, dans la proportion de 0,391, pour la source 1, et de 0,4002 pour la source 2. En se combinant aux acides de l'estomac, les bases de ces sels agissent comme absorbantes et anti-acides, et trouvent une application rationnelle dans la plupart des dyspepsies caractérisées par la sécrétion trop abondante des acides de l'estomac.

On préconise trop souvent contre les états gastriques des eaux forte-

ment alcalines, sans songer que les
bases, ayant besoin de se combiner
dans l'économie à des acides plus
stables que l'acide carbonique, exci-
tent les glandes de l'estomac à une
hypersécrétion d'acide et produisent
ainsi souvent un effet contraire à celui
qu'on en attendait, outre l'inconvénient de la cachexie alcaline qui suit
fréquemment l'usage prolongé des
eaux à minéralisation alcaline trop
forte. L'exagération des doses médi-
camenteuses a été à l'ordre du jour
pendant quelque temps ; heureusement, on revient à des idées plus jus-
tes : de petites doses *absorbées* produisent plus d'effet sur l'économie que de
fortes doses qui, fatiguant l'estomac, ou passant trop rapidement
pour pouvoir être absorbées, sont
ainsi complétement inutiles, sinon
pernicieuses.

Ces réflexions, suggérées par les
bicarbonates, et surtout par les bicarbonates alcalins, s'appliquent,
avec plus de justesse encore, aux
sels de fer.

Quand on considère les doses de

préparations ferrugineuses prescri-
tes habituellement dans la chlorose
et l'anémie, on trouvera presque
insignifiante la proportion de fer
contenue dans les sources de Martigny : 1 centigramme à peine dans
la source 1, et environ. 4 dans la
source 2. Mais qui ne sait que, sur
les préparations ferrugineuses in-
gurgitées, une partie très-minime
seulement est absorbée, et que le
reste passe à travers le tube digestif, ne servant qu'à colorer en noir
les matières fécales ?

En Allemagne, des sources à minéralisation ferrugineuse beaucoup
plus faible que celle de Martigny,
ont acquis une réputation méritée,
la source de Rosenheim (Bavière),
par exemple, qui ne contient que
la moitié du fer de notre source 1.
Les personnes chlorotiques, qui supportent difficilement les préparations ferrugineuses pourront donc
s'adresser à la source 1 de Martigny ; car, un centigramme de fer
absorbé journellement pendant un
certain laps de temps, finira par

donner des résultats très-marqués ;
avec peu d'excitabilité et des organes digestifs plus robustes, on pourrait boire l'eau de la source 2, dont
les effets seront égaux à ceux des
sources ferrugineuses les plus connues.

On peut affirmer que lorsqu'un
médicament doit être continué longtemps, on doit toujours préférer les
faibles doses aux fortes ; les premières, en effet, ne produisent aucun trouble des fonctions digestives ; elles a-
gissent mieux sur les organes sécré-
teurs et n'entraînent pas cette débi-
litation qui survient parfois sous
l'influence des doses élevées.

Quoique les eaux minérales de
Martigny renferment une proportion de lithine qui ne se rencontre
nulle part ailleurs, on n'est pas
moins obligé de reconnaître que,
d'une manière absolue, cette quantité est minime, et, cependant, de
quelle activité n'est-elle pas douée ?
Du reste, beaucoup de substances ne
se trouvent dans les eaux minérales qu'à doses altérantes ; ainsi l'ar-

senic, l'iode, le brome existent dans
les eaux minérales à de très-petites
doses, et cependant celles qui contiennent ces principes opèrent les
cures les plus merveilleuses ; il suffit de nommer Wildegg et Halle
comme sources bromo-iodurées ; elles ne contiennent que 24 et 30 mil-
ligrammes d'iode par litre, et néanmoins elles sont employées avec le
plus grand succès dans le traitement
des scrofules en général.

La quantité de lithine répandue
dans la nature paraît être très-faible, et la cherté de cette substance
est peut-être un obstacle à la vul-
garisation de son emploi ; ainsi,
dans 100 livres de sel extrait de la
source 1, de Martigny, on trouve
9 livres 3/4 de lithine, c'est-à-dire
une quantité de cette matière valant
2,250 fr.

Heureusement, les doses les plus
minimes produisent les effets les
plus salutaires.

A une dose plus forte, la lithine
donne parfois lieu à un peu d'agita-
tion, d'inappétence, de diarrhée et,

dans la plupart des cas, à un endolo-
lorissement des parties malades, no-
tamment dans les articulations infil-
trées. Cette aggravation momenta-
née des douleurs est bientôt suivie
d'un soulagement, d'un bien-être,
d'une rémission accompagnée de
mouvements plus faciles des parties
affectées.

Le Dr Charcot, un des traducteurs
de Garrod, dit avoir, dans plusieurs
essais, porté progressivement le carbonate de lithine jusqu'à la dose
relativement considérable de 2 et
même 3 grammes dans les vingt-
quatre heures, sans qu'il se soit
produit aucun effet fâcheux. Mais,
lorsque les doses élevées sont soute-
nues pendant plusieurs jours, on
ne tarde pas à voir survenir des
symptômes de dyspepsie cardialgi-
que qui obligent bientôt à suspendre l'emploi du médicament.

Il est très-important que les médicaments salins soient dissous dans
une grande quantité de liquides.
L'eau elle même est incontestable-
ment déjà un agent thérapeutique

puissant, peut-être trop négligé de
nos jours, et qui peut rendre de
grands services.

Si l'eau est ingérée, alors que
l'estomac se trouve à l'état de va-
cuité, les veines l'absorbent rapidement, puis les différents organes sé-
créteurs, dont elle a excité les fonctions, l'éliminent presque aussitôt.
Indépendamment de l'eau excrétée
en excès, certaines matières, qui
autrement eussent été retenues dans
l'organisme, sont alors entraînées
au dehors, et le sang se trouve ainsi
purifié. Or, il paraît au moins fort
vraisemblable que toute exagération
d'une excrétion, quelle qu'elle soit,
porte non-seulement sur la portion
aqueuse, mais encore sur les matériaux solides de cette excrétion ;
lorsqu'on provoque, par exemple,
une diurèse abondante, il doit y
avoir en même temps élimination
d'une plus grande quantité des éléments propres de l'urine.

Garrod est persuadé qu'il n'existe
point de différence essentielle entre
les divers diurétiques, et que les

uns n'agissent point plus particulièrement sur la partie aqueuse de
l'urine, tandis que d'autres favori-
seraient l'élimination des matériaux
solides organiques ou inorganiques.

L'efficacité thérapeutique de l'eau
est rendue d'ailleurs très-manifeste
par ce fait, que plusieurs espèces
d'eaux minérales, très-différentes
les unes des autres au point de vue
de leur constitution chimique, peuvent se montrer utiles cependant
dans une même maladie ; seule,
l'influence de l'eau peut être invo-
quée en pareil cas.

« De nombreuses observations,
dit encore Garrod, portent à admettre que l'eau, administrée abondamment à certaines heures de la journée, diminue la formation de l'acide
urique dans l'organisme et favorise
en même temps l'élimination de cet
acide par les reins. Lorsque, par
exemple, la secrétion urinaire est
accrue par ce moyen chez un malade, la proportion de l'acide urique
éprouve une diminution très-réelle,
et qui ne peut s'expliquer que par

la difficulté que l'analyse éprouve à isoler cet acide lorsqu'il est dissous dans une grande quantité d'eau. »

Ce fait concorde avec les observations de Boëker et de Genth, qui ont constaté une diminution sensible de l'acide urique dans les mêmes circonstances.

« L'augmentation de la quantité d'eau ingérée, dit le Dr Braun (de Wiesbaden), tient mieux en dissolution les éléments coagulables et cristallisables, facilite la circulation, accélère la métamorphose moléculaire et augmente l'activité des sécrétions. »

Si on se rappelle les états pathologiques de la goutte, et si on les rapproche des effets physiologiques des eaux minérales spéciales, on voit immédiatement et à quel degré ces dernières peuvent être utilisées comme moyens curatifs.

Dans le traitement symptomatique de la goutte, il se présente, en général, deux indications principales, savoir : l'atonie des fonctions de la sphère végétatrice, qu'il faut

combattre, et la composition chimique du sang, qu'il faut améliorer.

On remplit la première indication
par l'effet excitant de l'eau minérale, qui a pour effet de réveiller
l'action des organes de la digestion,
de l'assimilation, de la circulation
et de la nutrition, celle des organes
secréteurs et excréteurs, de ramener
cette action à son état normal, et
même un peu au-dessus, si cela est
nécessaire.

Sous cette influence, non-seulement on rétablit l'harmonie de l'organisme, en général, en agissant
ainsi d'une manière indirecte contre
les causes prochaines de la diathèse
goutteuse, mais encore on provoque
une amélioration dans la composition de la masse des humeurs par
un apport mieux préparé, par une
plus grande rapidité dans la transformation moléculaire et par une
excrétion plus rapide de ses produits.

Parmi les changements fonction-
nels que provoquent les eaux miné-

rales lithinées, les plus importants
pour le traitement de la diathèse
goutteuse sont certainement ceux
des reins dont elles réveillent l'activité, et ceux de la digestion qu'elles
relèvent. En général, chez presque
tous les goutteux, ce sont ces deux
fonctions qui demandent principalement à être régularisées, et le résultat favorable de toute la cure dé-
pend très-souvent de la réussite plus
ou moins complète qu'on peut obtenir dans leur réveil.

La seconde indication, celle
d'améliorer la dyscrasie sanguine,
est déjà favorablement influencée
par l'amélioration dans l'apport et
la plus grande rapidité dans l'excrétion ; elle est complétée par l'effet
des éléments chimiques de l'eau minérale sur les parties intégrantes
du sang lui-même.

C'est bien dans ces conditions
qu'on comprend l'action profonde
des eaux minérales, et, en particulier, l'action éminemment fondante
des eaux lithinées qui s'attaquent
d'emblée à la diathèse.

« Il n'est pas, a dit Frédéric Hoffmann, de remède plus positif et plus étendu que les eaux minérales. »

J'ajouterai : Il n'est pas d'effet plus durable.

Je reviens encore à l'observation de M. C..., ancien officier de marine :

Lorsqu'il eut son attaque de coliques néphrétiques, après son retour de Martigny, il me demanda s'il fallait l'attribuer aux eaux minérales ; je n'hésitai pas à lui répondre affirmativement, car j'étais maintenant bien fixé sur l'effet si profond exercé par nos eaux, effet tel que, dans les cures un peu *accentuées*, tout l'organisme paraissait *remué*, *imprégné*, si je puis dire.

Du même coup, je lui prédis que cette attaque était probablement une des dernières manifestations de sa *diathèse urique*, une sorte de *crise d'épuisement*.

M. C... était arrivé à Martigny en juillet 1871 ; je viens de le rencontrer (mars 1872) à Paris, de retour d'Espagne, la mine fraîche, très-alerte, très-ingambe, et légèrement *engraissé* : « Je viens, me dit-il, de mener en Espagne une vie de *nègre*, très-occupé, très en l'air, et n'ayant pas eu grand souci de ma personne ; je n'ai absolument rien ressenti, ni de ma goutte, ni de mes crises néphrétiques ; tout est en parfait état, tout fonctionne bien, et, dans quelques jours, je retourne en Espagne. »

NOTES

Saison Thermale.

Il serait difficile de dire pourquoi l'on a fixé la durée d'une saison thermale à *vingt-et-un jours ;* c'est là un terme abstrait qui ne repose sur aucune donnée scientifique, je dirai même rationnelle.

Il est d'observation banale que certains malades ne peuvent même fournir d'un trait ce laps de temps, de même que pour d'autres il est insuffisant. Ici plus particulièrement, j'ai été frappé de ce fait que beaucoup de buveurs ou baigneurs un peu délicats, un peu déprimés par l'affection qui les entraîne aux eaux, sont obligés de couper par un repos cette saison conventionnelle de 21 jours, et cela d'autant que, très-souvent, dans le désir très-légitime d'arriver à un prompt résultat, ils dépassent de beaucoup les prescriptions du médecin, quand encore ils le consultent, et se gorgent d'eau tout d'abord.

D'autres plus robustes ou plus sages n'ont point assez de cette même période et prolongent parfois de beaucoup ce terme. L'observation seule doit, en pareille matière, régner en souverain maître, et s'affranchir de toutes ces conventions qui ne sont autre chose que le reflet d'une mode irréfléchie et dangereuse. C'est au médecin seul qu'il appartient de fixer ici des règles et de tracer des limites.

Eau minérale transportée.

J'ai montré que les Eaux minérales de Martigny étaient non-seulement et avant tout des Eaux médicales précieuses, mais aussi des Eaux de table des plus agréables.

C'est un véritable type d'Eaux minérales; tous les éléments minéralisateurs qu'elles renferment semblent converger vers un même but, car ils sont doués d'une force synergique remarquablement identique; qu'on les prenne en masse ou isolément, on y rencontre cette action harmonique à un haut degré.

Comme eau médicinale proprement dite, l'eau minérale de Martigny est un composé d'éléments alcalins dont la résultante est des plus accentuées; cette action est contrebalancée dans ses effets trop dépressifs ou trop résolutifs par une somme d'agents reconstituants très-énergiques.

Comme eau de table, c'est-à-dire *amie de l'estomac*, l'eau minérale de Martigny présente également des caractères très-tranchés ; la prédominance des sels de chaux sur les sels de soude la rend, comme je l'ai déjà dit, très-précieuse sous ce rapport.

L'eau minérale de Martigny doit précisément à sa minéralisation des plus accentuées, à sa basse température et à la combinaison si intime de l'acide carbonique avec chacun de ses propres éléments une fraîcheur constante, une saveur parfaite et piquante, et la propriété, si précieuse pour le transport, de ne jamais s'altérer. Elle renferme assez d'acide carbonique pour maintenir en solution les principaux éléments minéralisateurs, et surtout les sels de fer à l'état de bicarbonates, plus un léger excédant de gaz libre, qui reste en solution dans l'eau et suffit pour conserver dissoutes les combinaisons carboniques du fer (1). Il est d'observation qu'un excès considérable d'acide carbonique, comme dans les eaux très-gazeuses,

---

(1) Si on laisse séjourner, un certain temps, dans un verre l'eau minérale, après l'avoir puisée à la source, on ne tarde pas à voir les parois du vase tapissées de petites bulles d'acide carbonique qui se dégagent peu à peu de la masse du liquide : leur adhérence est assez longue, ce qui prouve la parfaite saturation de gaz, et la combinaison intime de ce dernier avec les éléments minéralisateurs de l'eau minérale de Martigny.

amène, par suite de son dégagement inces-
sant et inévitable, la précipitation des
principaux éléments, et surtout des sels de
fer; ces eaux s'appauvrissent ainsi à la
longue et se conservent bien difficilement.
Est-il nécessaire d'ajouter que les eaux
minérales trop chargées de gaz sont le plus
souvent trop excitantes, de difficile digestion, et produisent les inconvénients qu'elles étaient tout d'abord appelées à dissiper
ou du moins à combattre?

L'eau minérale de Martigny supporte
admirablement le transport et peut se
conserver plusieurs années sans subir aucune altération.

J'ai déjà dit, en résumé, que les combinaisons formées par le bicarbonate de
chaux avec les acides urique et phosphorique, principaux agents de la suracidité
humorale, sont insolubles, et partant, éli-
minées de l'économie, tandis que celles
formées par le bicarbonate de soude avec
les mêmes agents sont partiellement solubles, cristallisent facilement et tendent
ainsi à se concréter vers les reins, vers les
articulations dans toute l'économie. En
outre, les sels à base de chaux et de magnésie ont été, de tout temps, employés
avec le plus grand avantage contre certaines affections chroniques de l'estomac, de
l'intestin, contre la gravelle et les maladies
du foie, sans produire aucun des troubles
que causent souvent les sels à base de
soude ou de potasse. En effet, un des in-

convénients des eaux où ces derniers se
trouvent en notable quantité (Vals, Vichy,
Neris, etc.), est de ne pouvoir se prêter à
un usage un peu prolongé sans amener des
troubles du côté des voies digestives.

Magendie disait, peut-être avec quelque
exagération : « Si la quantité de bicarbonate de soude dépasse 24 ou 36 grains
dans les vingt-quatre heures, le plus souvent l'estomac est dérangé de ses fonctions, et des vomissements surviennent
quelquefois; il n'est d'ailleurs pas rare
que les accidents arrivent, même quand la
dose n'a pas été aussi considérable. »

L'usage des carbonates de chaux et de
magnésie, ainsi que des eaux qui les contiennent peut être prolongé sans que l'on
observe l'effet débilitant qui accompagne
l'action continue des mêmes sels à base de
soude et de potasse. On ne peut nier que,
dans les conditions de vie actuelles, surtout dans les grandes villes, il n'y ait bien
souvent une exagération de toutes les
fonctions qui sont en jeu pour maintenir
l'équilibre de l'organisme, d'où beaucoup
de maladies *totius substantiæ*, en quelque
sorte nouvelles, sorte d'intoxication générale : *uricémie*, *herpétisme* sont des termes
tout modernes, qui servent à désigner
quelques-uns de ces états morbides.

C'est dans ces *entités* pathologiques que
les eaux minérales trouveront surtout leur
emploi d'une manière continue, et devien-

dront, à la fois, eaux de table et eaux médicinales.

Ici encore, ici surtout, les eaux minérales lithinées seront d'un très-grand secours ; c'est non-seulement le *chlorure de
lithium*, ce puissant diurétique 1), cet al-
calisant énergique qui sera un utile auxiliaire pour prévenir la formation des dépôts et des graviers d'acide urique, ce sera
aussi le *silicate de soude* qui, outre son action spéciale sur l'urination, est un agent
essentiellement dépuratif, contrairement
aux autres sels alcalisés. Aussi, exerce-t-il
sur les troubles de la digestion gastrique
et intestinale une action très-marquée, et
modifie-t-il à la longue les phénomènes
de la nutrition interstitielle pervertie ; on
peut résumer ses effets thérapeutiques, en
disant qu'il régularise les fonctions digestives, et facilite l'élimination des principes
excrémentitiels (2).

---

(1) Garrod a observé plusieurs cas dans lesquels
une seule bouteille d'eau de lithine (les sels de
lithine doivent être administrés dans beaucoup
d'eau) prise au moment où le malade se couchait,
obligeait celui-ci à rester debout une grande partie de la nuit, tant cet agent augmente la sécrétion urinaire, tandis que la même dose d'une solution de soude ne produisait aucun effet de ce
genre.

(2) Le docteur Gigot-Suard, dans son récent livre : *Des Alcalins dans le traitement de l'Herpétisme,*
s'exprime ainsi : « Un autre avantage de ce médicament (*silicate de soude*), c'est qu'on peut en continuer l'usage pendant un temps très-long sans
qu'il en résulte aucun inconvénient. Je connais un

goutteux qui, depuis huit mois, prend tous les jours 40 centigrammes de silicate de soude, pour prévenir les attaques auxquelles il était exposé. Ce moyen a parfaitement réussi jusqu'à présent, malgré les écarts de régime auxquels se livre le malade, et sans qu'il soit survenu aucun autre phénomène morbide.

Le sirop de silicate de soude est une excellente préparation pour les enfants et les estomacs susceptibles.

Le silicate de soude, comme les sels de lithine, rend de grands services dans le traitement de l'herpétisme, quand il y a prédominance bien marquée de l'acide urique sur les autres principes excrémentitiels.

Je rappelle que la quantité moyenne d'urine normale excrétée en vingt-quatre heures est de 1250 grammes, sa densité de 1,017, et la proportion de principes fixes de 42 grammes, soit un peu plus de 3 pour 100. Cela établi, voyons les modifications que le silicate de soude soluble, administré à l'intérieur, imprime à l'excrétion rénale, c'est-à-dire à l'élimination de la partie aqueuse et des matériaux solides de l'urine.

Obs. — Fille de 25 ans : tempérament lymphatique ; gastralgie herpétique : éruptions fréquentes de prurigo. J'ai noté pendant vingt-sept jours consécutifs les modifications que l'urine a éprouvées sous l'influence du silicate de soude.

Dans cette expérience, on voit :

1° Que la quantité d'urine excrétée en vingt-quatre heures a été tantôt au-dessous, tantôt au-dessus de la moyenne ordinaire ;

2° Que dans les premiers huit jours de l'administration du médicament, la densité de l'urine et la proportion des principes fixes ont considérablement augmenté ; — ces derniers plus du double le troisième et le cinquième jour ;

3° Que, pendant tout le temps qu'a duré le traitement, le chiffre de la densité de l'urine et de la quantité de ses matériaux solides a toujours dépassé celui de l'urine normale, excepté trois fois ;

4° Que la densité de l'urine et par conséquent sa surcharge en principes fixes n'étaient pas toujours en rapport inverse avec la quantité de ce liquide excrété dans les vingt-quatre heures; il y a même deux jours où, la quantité d'urine dépassant 1100 c. c., la densité était 1023-1024, et la quantité de matériaux solides de 4-5,50; tandis que deux autres fois, la quantité d'urine étant de 900 c. c. seulement, la densité n'était que de 1022-1024, et la proportion des principes fixes de 4-5 ;

5° Que l'usage du silicate de soude a produit une amélioration rapide dans l'état de la malade, et que la réapparition des manifestations herpétiques a été suivie d'une augmentation très-marquée de la densité de l'urine et de la proportion de ses matériaux solides;

6° Qu'enfin le médicament administré pendant près d'un mois n'a point modifié les actes de l'assimilation et de la désassimilation, puisque le vingt-septième jour la densité de l'urine était encore de 1024, et la proportion des principes fixes de 5, 80 pour 100. »

GÉOLOGIE DES SOURCES MINÉRALES
DE MARTIGNY

Les griffons des deux principales sources s'élèvent sur les fissures mêmes de la roche, à travers le terrain calcaire coquillier ou *Muschelkalk*, qui se trouve à Martigny immédiatement placé sous les marnes irisées (*Keuper*). Martigny est, du reste, comme Vittel, dominé à l'est et à l'ouest par des mamelons de marnes irisées qui s'étendent jusqu'aux localités environnantes.

La magnésie renfermée dans les eaux minérales de Martigny provient de la *Dolomie*, qui se trouve dans la partie moyenne supérieure des marnes irisées ou du *Muschelkalk* lui-même; ce dernier renferme, en effet, des proportions sensibles de carbonate de chaux et de magnésie.

Le *Muschelkalk* est une réunion
de couches formées principalement
de calcaire, intercalées à stratifica-
tion concordante, entre les marnes
irisées qui les recouvrent et les couches de grès bigarré sur lesquelles
elles reposent.

Le Muschelkalk, avec lequel commence la région calcaire des Vosges,
occupe un espace irrégulier dont
les limites sont très-sinueuses ; il
est composé de marnes, de calcaire
et de dolomies présentant diverses
alternances.

Le calcaire est de couleur grise,
jaune ou brune, à cassure conchoïde,
un peu esquilleuse ; il est plus ou
moins solide, compacte, terreux ou
légèrement cristallin ; il renferme
souvent une grande quantité de fossiles bien plus visibles dans les parties terreuses que dans les couches
compactes où ils sont complétement
empâtés, et quelquefois des débris
de crinoïdes si abondants que les
couches semblent en être uniquement formées. Les parties jaunâtres
ou marneuses renferment aussi des

débris de corps organisés ; elles sont souvent traversées, comme le calcaire compacte, par des veines de chaux carbonatée spathique.

. La *Dolomie* est compacte ou cristalline, grise, jaune ou rougeâtre ; elle se rencontre à diverses hauteurs dans la série.

Les *Marnes* se présentent en couches minces sur une grande épaisseur, à la partie supérieure du dépôt ou interposées entre les différentes assises calcaires ; elles sont grises, brunes, jaunes, verdâtres et même tout-à-fait noires, calcaires, argileuses ou sableuses, tendres ou solides ; elles renferment des noyaux calcaires, des veines de chaux carbonatée fibreuse, et sont traversées par des fissures superposées remplies de chaux carbonatée ; généralement elles ne renferment pas de fossiles.

Le *sel gemme* se trouve dans les marnes irisées à la base du Muschelkalk avec du sulfate de chaux anhydre et des calcaires siliceux ou magnésiens.

Lorsqu'on creusa les fondations

du grand hôtel de l'établissement
de Martigny, on trouva de l'eau
saline (chloruré sodique), en grande
abondance, analogue, moins la
température qui n'était que de 12°,
à celle de Bourbonne-lès-Bains.

Les sources froides sulfatées calciques des Vosges sont toutes pla-
cées sur le terrain du Muschelkalk,
formation calcaire, et tout auprès
de la limite de la formation argi-
leuse des marnes irisées qui les recouvrent. Cette identité de position
sur une ligne onduleuse de plus de
50 kilomètres d'étendue indique assez la similitude d'origine de ces
sources ; leur analyse chimique,
leurs caractères extérieurs viennent
appuyer cette similitude dans les
moindres détails, et il n'est pas douteux que ces sources soient le résultat d'une lixiviation très-superfi-
cielle des terrains avoisinants,
comme le témoigne leur faible température, et comme il serait facile
de l'établir par un examen plus
approfondi des terrains qui leur
donnent naissance.

Ce fait donne l'explication d'un phénomène remarquable et surtout bien accusé à Contrexéville, Vittel et Martigny ; je veux parler de ces sources froides, non minérales, très-abondantes qui surgissent tout à l'entour des sources minérales et et dans des conditions presque identiques en apparence, bien qu'elles n'aient avec elles aucune relation directe.

M. Jutier, ingénieur des mines, a très-bien analysé ces faits dans ses belles études sur les eaux thermales de Plombières.

Les vallées des Vosges où sourdent des eaux minérales sont peu profondes, à pentes douces et à ondulations uniformes ; c'est le type des terrains d'alluvion qui sont superposés au terrain triasique.

La limpidité des eaux minérales de Martigny est aussi inaltérable que leur volume et le niveau des bassins est invariable à toutes les époques de l'année.

Venant, comme nous l'avons dit, du calcaire coquillier, elles traver-

sent les marnes irisées avant d'émer-
ger ; elles sont, grâce à leurs griffons, habilement aménagées, sous-
traites aux variations atmosphé-
riques qui n'ont aucune influence, ni
directe, ni indirecte sur leur constitution physique et chimique et, partant, sur leur valeur thérapeutique.

Elles sont de même à l'abri de
toute infiltration étrangère, et sont
toujours identiques dans leur composition intime, c'est-à-dire dans
leur précieuse minéralisation.

MODE D'ADMINISTRATION

DES EAUX MINÉRALES DE MARTIGNY

L'eau se boit à domicile ou à la source, à jeun, et coupée avec le vin des repas. La moyenne habituelle est de 6 à 8 verres chaque matin. Elle est efficace en tout temps; mais il est essentiel d'en boire avant et après le séjour à l'établissement pour préparer et compléter la cure.

On comprend que, dans les maladies chroniques, les organes doivent être maintenus longtemps sous l'action médicamenteuse des eaux minérales pour recouvrer leur fonctionnement régulier.

Le transport le plus long, les changements climatériques n'impriment à l'eau minérale de Martigny aucune modification.

Toute bouteille entamée, dans

l'intervalle d'un ou de plusieurs repas, ne perd rien ni de sa saveur, ni
de sa transparence.

L'eau minérale de Martigny n'al-
tère en rien et ne trouble même pas,
comme le font, par exemple, les
eaux bicarbonatées sodiques de Vichy, le vin ou les autres liquides
avec lesquels on la mélange ; elle
devient ainsi non-seulement une eau
médicinale, mais aussi une eau de
table des plus agréables. Coupée
avec des sirops ou liqueurs aroma-
tiques, elle forme une boisson des
plus attrayantes et des plus salutaires.

SOURCE SAVONNEUSE

DE MARTIGNY

La troisième source de Martigny,
qui donne 200,000 litres par jour,
est minéralisée comme les deux premières. Elle offre de plus quelques
caractères qui lui ont fait donner le
nom de *Source savonneuse* (1); l'eau
est d'un blanc laiteux, très-onc-
tueuse, très-détersive, et blanchit

(1) On peut admettre que cette eau doit son caractère et ses propriétés au séjour prolongé qu'elle
fait sur d'épaisses couches de marnes argileuses.
Quoi qu'il en soit, comme cette troisième source
n'est pas encore captée, on ne peut considérer
comme complète l'analyse chimique que nous don-
nons ici, et l'on doit présumer que, une fois mise
à l'abri des infiltrations étrangères, cette eau of-
frira très-probablement quelque indice se révélant
d'une manière plus particulière et précise à l'analyse de laboratoire.
La vasque dans laquelle elle jaillit est remplie
de magnifiques conferves verdâtres analogues à
celles qui tapissent les parois des bassins des deux
premières sources, et, comme chez celles-ci, la
surface de la nappe liquide est recouverte d'une
pellicule irisée.

10

d'une manière remarquable la peau en l'adoucissant. Les ménagères du village la connaissent bien, et autrefois, lorsque l'accès en était permis, elles venaient y laver leur linge, sans avoir recours au savon.

On s'en servait également avec succès comme topique dans les ophthalmies des enfants, et les affections de la peau, si communes à cet âge.

Elle a été également analysée par M. le professeur Jacquemin (de Strasbourg), en 1869 ([1]).

SOURCE N° 3.

Acide carbonique libre, faible proportion.		
Bicarbonates calculés avec la formule C^2HMO^6	de soude.....	0,087
	de magnésie .	0,098
	de chaux....	0,231
Sulfates calculés à l'état anhydre	de soude.....	0,023
	de magnésie .	0,162
	de chaux....	0,801
Chlorure de sodium		0,056
» de potassium		0,006
Silice, alumine, oxyde de fer, phosphate de chaux, matière organique		0,098
		1,562

(1) Elle donne 200.000 litres par jour, et, comme je l'ai dit, doit ses propriétés détersives et onctueuses à de l'argile fine tenue en suspension.

TABLEAUX ANALYTIQUES

Des effets de l'eau minérale lithinée de Marti-gny sur la sécrétion urinaire.

(Observ. de M. C..., page 95.)

Pris, de 5 h. 1|2 à 8 h. du matin, 11 verres d'eau minérale (de 0 litre 260 grammes chacun), soit......................... 2 lit. 260 gr.

Rendu, en urines, de 5 h. 1|2 à 10 h. du matin................. 1   650

Rendu, en urines, de 11 h. du ma-tin à 3 h. 1|2 du soir............ 1   350

Pris, de 10 h. à 11 h. du matin, de vin sans eau.   0   250

Pris, de 3 h. 1|2 à 4 h. du soir, 2 verres d'eau minérale, soit......   0   520

Pris, à 6 h. (dîner), vin pur......   0   250

Rendu, en urines, de 3 h. 1|2 à 8 h. 1|2 du soir.................   0   650

Rendu, en urines, de 8 h. 1|2 du soir à 5 h. 1|2 du matin...........   1   000

RÉSUMÉ

Pris dans la journée de 24 heures :

Eau.............	3 lit.	380 gr.
Vin.............	0	500
Liquide total.....	3 lit.	880 gr.
Rendu, en urines.	4	650
Différence en plus.	0 lit.	770 gr.

Plus, 4 selles abondantes, dont 2 de liquide tout à fait incolore.

Des effets de l'eau minérale lithinée de Martigny sur les principaux éléments constitutifs de l'urine.

———

Expériences faites sur un adulte sain et vigoureux.

1ʳᵉ Expérience.

Alimentation régulière. Eau en boisson.

Urines de 24 heures........	1,285 gr.	00
Urée.....................	6	20
Acide urique..............	0	70
Chlorure de sodium........	9	08
Matières extractives........	8	11

2ᵐᵉ Expérience.

Même sujet, même alimentation à laquelle on ajoute un litre d'eau ordinaire.

Urines de 24 heures........	1,380 gr.	00
Urée.....................	6	21
Acide urique..............	0	70
Chlorure de sodium........	9	21
Matières extractives.......	9	00

3ᵐᵉ Expérience.

Le litre d'eau ordinaire est remplacé par un litre d'eau minérale de Martigny.

Urines de 24 heures........	2,021 gr.	00
Urée.....................	11	22
Acide urique..............	1	421
Chlorure de sodium........	12	03
Matières extractives.......	13	42

Effets, dans les mêmes circonstances, de 5 litres
d'eau minérale de Martigny.

Urines de 24 heures........	4,912	gr. 00
Urée....................	19	21
Acide urique.............	1	891
Chlorure de sodium........	18	14
Matières extractives.......	22	01

Il résulte donc de ces expériences :

1° Que l'eau minérale de Martigny augmente considérablement la
sécrétion urinaire, à un tel point
même que la quantité d'urines dépasse la quantité d'eau ingérée ;

2° La réaction de l'urine change
rapidement ;

3° Il y a augmentation de densité
de l'urine ; l'urée, l'acide urique et
le chlorure de sodium présentent
des chiffres plus élevés qu'à l'état
normal.

En résumé donc, l'élimination des
matières excrémentitielles, ou produits de la combustion et, partant,
de l'oxydation est considérable et
rapide. Par suite, la circulation est
activée, ainsi que l'assimilation ; il
y a une stimulation vive de toutes

les fonctions, et augmentation de tonalité dans tous les organes et les tissus.

On comprend ainsi comment se régularisent tous les actes de la vie organique, et comment l'équilibre finit par s'établir sans secousses, bien que la *machine* ait été, en quelque sorte, un peu *surchauffée* et que les *dépenses* l'aient tout d'abord emporté sur les *recettes*.

C'est ce *coup de fouet* imprimé à tout l'être qui constitue l'action éminemment dépurative et reconstituante des eaux minérales LITHINÉES DE MARTIGNY.

Des effets de l'eau alcaline simple (*bicarbona-tée potassique et sodique*) sur la sécrétion urinaire et sur l'élimination de l'urée.

Le sel a été pris dissous dans l'eau ou dans le vin, au déjeuner et au dîner.

Bicarbonate de potassium.

Première période, sans bicarbonate de potassium :

Urines des 24 heures, 1148 : — réaction, très-acide ; — urée, 30,11.

Deuxième période, sous l'influence de 5 grammes de bicarbonate de potassium (2 gr. 5 au déjeuner et 2 gr. 5 au dîner) :

Urines des 24 heures, 1149 ; — réaction, peu acide ; — urée, 24,40.

Bicarbonate de soude.

Le sel a été pris en une fois, dans un demi-verrre d'eau, avant le déjeuner.

Première période, sans bicarbonate de soude :

Urines des 24 heures, 1210 ; — réaction, acide ; — urée, 19,67.

Deuxième période, sous l'influence de 5 grammes de bicarbonate de soude :

Urines des 24 heures, 1200 ; — réaction, faibl. alc. ; — urée, 17,96.

Ce dernier tableau (des effets des sels de potasse et de soude sur la sécrétion urinaire) est emprunté à un travail récent de M. le docteur Rabuteau (*Gaz. hebd. de médec. et de chirurg.*, Paris, novembre 1871), ainsi que les déductions suivantes :

« 1º Le bicarbonate de potasssium, pris à la dose de 5 grammes par jour, n'a pas produit d'effets diurétiques ;

« 2º Il a très-peu modifié la réaction acide des urines ;

« 3º L'urée a diminué d'une manière notable, et il y a eu ralentissement de la circulation. (La diminution du pouls coïncide naturelle-

ment avec la diminution des oxydations.) »

Les faits suivants ont été aussi
notés :

La femme, qui formait le sujet
de l'expérience, est devenue chloro-
anémique. Les lèvres, qui étaient
fortement colorées en rose avant
l'expérience sont devenues pâles
vers la fin. En outre, ses forces mus-
culaires ont diminué ; son sommeil
a été troublé ; enfin, son appétit,
loin d'augmenter, a diminué.

On retrouve dans la seconde expérience (avec le bicarbonate de
soude) les mêmes résultats.

1° Absence d'effets diurétiques ;
l'urine a même été éliminée en moindre quantité ;

2° La réaction générale des urines
est restée acide ;

3° La diminution de l'urée a été
de 8,7 pour 100.

A ces résultats, il faut ajouter le
ralentissement de la circulation. Le
pouls, qui battait en moyenne de
70 à 72 fois par minute, s'est abaissé

à 66 et à 60 pulsations. La température a diminué de quatre dixièmes
de degré. Il est survenu de la pâleur, quelques faiblesses dans les
jambes, quelques vertiges, et même
un amaigrissement notable. Ce dernier résultat est important à noter ;
on sait que les alcooliques, les arsenicaux diminuent l'urée et l'acide
carbonique, qu'ils diminuent les
pertes organiques et augmentent
l'embonpoint, qu'ils agissent, en
un mot, comme des *médicaments
d'épargne*, suivant l'expression du
professeur G. Sée ; les alcalins diminuent également la combustion,
et cependant ils font maigrir et jet-
tent l'organisme dans la dépression.
Ce sont donc des médicaments plus
cachectisants que les arsenicaux ;
tandis que, d'après la théorie de
Miahle, ils devraient chauffer davantage la machine animale, comme
le font les chlorures, et lui donner
par conséquent plus de vitalité.

« Les alcalins devaient, d'après
M. Miahle, être des agents puissants
d'oxydation ; ils devaient augmen-

ter l'urée et l'acide carbonique, et,
de plus, activer la circulation. Ils
devaient, par conséquent, agir
comme des médicaments précieux
dans la glycosurie et l'albuminurie,
en un mot, reconstituer l'économie
par leur action sur la nutrition.
Puis, cette logique, poussée jusqu'à
l'extrême limite, engendra la théorie d'après laquelle la glycosurie serait due à un défaut d'alcalinité du
sang, d'où la nécessité d'administrer les alcalins dans cette maladie,
afin de produire la combustion du
sucre.

« Telle est l'opinion erronée qui
règne encore dans la science, bien
qu'elle ne repose sur aucune expérience faite sur l'homme, ni sur les
animaux, et qu'elle se heurte sans
cesse aux résultats fournis par
l'étude clinique des alcalins ; mais,
de bonne heure, la thérapeutique se
mit en garde contre l'abus de ces
médicaments qui, suivant l'expression de Trousseau, ont fait plus de
mal que l'abus de l'iode et du mer-
cure.

« Les alcalins altèrent donc puissamment la nutrition, ralentissent la circulation et diminuent l'urée et la chaleur animale, en un mot, les oxydations.

« On s'en rend compte aisément en se rappelant que les globules rouges sont les agents vecteurs de l'oxygène (ou ozône), nécessaire aux combustions organiques, que tous les médicaments qui augmentent le nombre de ces globules ou en favorisent le fonctionnement, comme les ferrugineux, les hypophosphites, les chlorures, activent les oxydations, tandis que ceux qui en diminuent le nombre ralentissent ces mêmes oxydations.

« La diminution des hématies est-elle produite par les alcalins ? La pâleur, l'anémie qui surviennent chez les personnes qui font abus des alcalins font considérer ce résultat comme indubitable. Il existe d'ailleurs des expériences directes qui ont été rapportées par Lœffler (*Schmidt's Iarhbücher Edin. Monthly Journ., 1848*).

« Les expériences furent faites sous la direction de Lœffler, par cinq étudiants allemands, bien portants, qui se prirent eux-mêmes pour sujets d'expérimentation. Ils firent usage des alcalins, à la dose progressive de 1 à 5 drachmes (1 gr. 77 à 8 gr. 85), et, au bout de huit à dix jours de ce traitement, le sang tiré des veines présente les caractères suivants :

« 1° En couleur et en densité, il ressemblait à du jus de cerise ;

« 2° Le nombre et le volume des leucocytes était augmenté ;

« 3° Les globules rouges étaient plus pâles qu'à l'état normal ;

« 4° Le sang se coagulait très-rapidement ;

« 5° La proportion d'eau était augmentée et celle des matières solides diminuées ;

« 6° Le sang contenait moins de matières grasses ;

« 7° Il y avait diminution de fermeté et d'élasticité de la couenne « *crassamentum* », dont les constituants solides étaient en proportion moindre que dans le sang normal.

« Enfin, on nota de la faiblesse, un peu de pâleur, de la paresse corporelle et intellectuelle. Le pouls devint lent et faible.

« A ces faits, on peut ajouter, continue le docteur Rabuteau, que, dans certaines maladies où les hémorrhagies sont la règle, on constate une augmentation de l'alcalinité du sang. Ainsi, M. Fremy, ayant eu une fois l'occasion d'analyser le sang dans ce cas, l'a trouvé plus alcalin qu'à l'état normal. »

On conçoit, dès lors, le danger des eaux minérales, fortement et exclusivement alcalines, lorsqu'on en prolonge trop l'usage ; exemple, l'excellente eau de Vichy, qui, prescrite sans dose et sans raison, peut devenir meurtrière. Il est des gens qui, chaque année, se suicident à Vichy en prenant des eaux sans mesure et sans direction.

Est-ce donc un procès que je fais aux eaux minérales alcalines ? Non, certes, car je mettrais aussi en cause Martigny, dont les eaux peuvent et doivent également être rangées dans les eaux alcalines.

Je ne veux condamner que l'usage trop prolongé ou l'abus des eaux minérales fortement et exclusivement alcalines.

Nous sommes loin de là à Martigny : à côté des éléments alcalins proprement dits qui, sans aucun doute, prédominent, tout en n'offrant qu'un exposant bien faible, eu égard surtout au chiffre de la minéralisation alcaline de Vichy et de Vals, nous voyons, pour contrebalancer ce qu'il pourrait y avoir de trop accentué dans cet effet altérant, au reste, nécessaire, des éléments reconstituants énergiques et variés, tels que les sels de fer et de magnésie (carbonates et arséniates), les phosphates et les chlorures qui redonnent si rapidement du ton et de la vigueur à l'organisme en détresse ; enfin, nous y rencontrons des éléments tempérants et désobstruants bien précieux, tels que les sels de magnésie, dont une partie

peut servir de même à la réparation
de notre organisme, à celle des os
en particulier ! Or, ces terres s'y
trouvent en partie à l'état de bicarbonates convertis facilement en lac-
tate et en chlorydrate pendant la
digestion, en partie à l'état de phosphates qui, étant en solution dans
l'eau, peuvent être immédiatement
absorbés et employés pour ainsi
dire en nature par l'économie animale.

M. le Dr Rabuteau ([1]) a étudié
les chlorures alcalins au point de
vue de leur action sur la nutrition :
« Ils activent tous cette fonction,
car, dans des expériences prolon-
gées, pendant plusieurs jours, il a
constaté qu'ils augmentaient, d'une
manière notable, l'élimination de
l'urée et qu'ils élevaient la température animale.

« Cette action sur la nutrition
s'explique par l'augmentation de la
sécrétion et de l'acidité du suc gastrique sous l'influence du chlorure

_____

(1) Communication à l'Académie des sciences,
séance du 11 décembre 1871.

de sodium, et par l'augmentation du nombre des globules rouges, qui a été constatée par MM. Plouviez et Poggiale, sous l'influence de ce même sel.

« Enfin, ces données nous rendent compte de divers effets physiologiques et thérapeutiques du chlorure de sodium ; elles nous expliquent pourquoi les animaux soumis à un régime salé se portent mieux, puisque la nutrition est activée, et pourquoi, tout en ayant plus d'appétit, ils n'augmentent guère de poids, d'après les expériences de M. Boussingault et de M. Dailly, puisque la désassimilation est accrue. »

On peut donc résumer les effets physiologiques et thérapeutiques des eaux minérales de Martigny en disant :

1° Qu'elles ne sont nullement excitantes ni déprimantes, mais plutôt toniques reconstituantes ;

2° Que, par les sels alcalins, bicarbonates sodiques et potassiques, silicates, même les sulfates à petite

dose, mais surtout par la *lithine*,
elles sont très-diurétiques.

3° Que, par les sels magnésiens,
elles sont laxatives et tempérantes ;

4° Que, par les sels de fer, de
chaux (principalement les phosphates [1]) et les chlorures alcalins, elles sont éminemment reconstituantes ;

5° Enfin, qu'elles renferment deux
éléments dialytiques des plus puissants, les *silicates* (2), et surtout la

(1) On commence à utiliser avec succès, dans la
pratique, le phosphate de chaux ; M. le Dr Dusart
a prouvé *(Recherches sur les phosphates*, etc.; Paris,
1870) que le phosphate de chaux était non-seulement un agent qui, avec le carbonate de chaux
concourait à la formation de la substance minérale
des os du squelette des animaux, mais encore
qu'il avait une action des plus nettes sur la nutrition et le développement de l'activité musculaire.
Il est un agent d'*irritabilité nutritive ou de formation,* en attribuant à ce mot le sens que lui donnait Haller au siècle dernier et que Virchow a
consacré de nos jours, propriété que possèdent les
tissus, en général, et la cellule, en particulier, de
réagir sur elle-même et sur le milieu ambiant
pour l'accomplissement des phénomènes physiques
et chimiques qui président à la vie.

(2) L'acide phosphorique rend les urines acides,
d'alcalines qu'elles étaient, tant que l'effet purgatif
persiste : on peut admettre que les alcalis intro-
duits par l'alimentation sont saturés par cet acide
puissant et expulsés avec les fèces.
Les silicates renfermés dans nos eaux sont des

lithine, qui est, si je puis dire, comme le plus beau joyau de notre *écrin hydro-minéral*, et comme la clef de voûte de notre riche station.

agents aussi puissants que l'acide phosphorique à cet égard et peuvent, dans certains cas (urines très-ammoniacales. par exemple), produire un effet analogue.

DEUXIÈME PARTIE

HISTORIQUE DE MARTIGNY

Martigny-lès-Lamarche ou *Martigny-lès-Bains* (*Martiniacus*) est un village des anciens duchés de Lorraine et de Bar, situé agréablement dans une plaine traversée par la rivière du Mouzon ; il se trouve à 60 kilomètres d'Epinal (chef-lieu du département), 35 kilomètres de Neufchâteau (chef-lieu de l'arrondissement), 5 kilomètres de Lamarche (chef-lieu de canton). La population est de 1471 habitants.

Martigny formait autrefois deux paroisses et deux seigneuries, l'une appelée *Martigny-Saint-Remy*, l'autre *Martigny-Saint-Pierre* ou Dompierre ; la première était du Barrois, la seconde de la Lorraine. Il est parlé de Martigny dans la confirmation des biens du prieuré de Deuilly par Pierre, évêque de Toul, en 1188. En 1311, Edouard, comte de Bar,

acquit sur plusieurs seigneurs ce
qu'ils pouvaient avoir à Martigny
et dans d'autres lieux. En 1377, Go-
bert d'Apremont vendit à Robert,
duc de Bar, la moitié de ce qu'il pos-
sédait à Martigny.

La population de Martigny a dû
être très-faible dans son commence-
ment et devoir son origine à quelques Gaulois ou Gallo-Romains, qui,
les premiers, s'y construisirent des
habitations et défrichèrent les terrains environnants. Ce qui rendrait
cette conjecture vraisemblable, ce
sont des vestiges d'habitations iso-
lées que l'on trouve sur les côteaux
qui bordent le Mouzon, et les pierriers mélangés de beaucoup de tuiles
qui existent dans les mêmes lieux.
Martigny s'est agrandi, il y a un
siècle et demi, par la migration des
habitants du hameau de Dompierre,
distant d'un kilomètre, qui fut brûlé,
en 1476, par les Bourguignons, ensuite par les Suédois, après la des-
truction de la ville de la Mothe. Ces
habitants, sans se fondre dans la
population de l'ancien Martigny se

bâtirent au contraire des maisons et formèrent une nouvelle paroisse, dite de *Martigny-Saint-Pierre*, après s'être construit, vers 1700, une église avec les débris de leur hameau. Aujourd'hui, ces deux paroisses n'en forment plus qu'une, dont les deux parties sont seulement séparées par quelques jardins et chènevières.

Des découvertes nombreuses et intéressantes ont été faites, soit à Martigny, soit sur son territoire. Ce sont des médailles romaines, principalement d'Auguste, Antoine, Domitien, Vespasien, etc., une de Crispine, épouse de Commode ; des monnaies des ducs de Lorraine, des rois de France, de Charles VII, de François 1er ; des monnaies d'Autriche, de Suisse, d'Espagne ; un sabre gaulois, une javeline romaine, des fers ayant servi à enchaîner des prisonniers et des fers à cheval.

Sous la porte cochère d'une maison voisine de l'église, on voit aussi un chapiteau de colonne en pierre calcaire servant à recevoir le pivot,

et sur lequel est sculpté un dragon
ou serpent à deux têtes. Dans les
déblais d'une maison, après l'incen-
die de 1827, on a trouvé deux pierres sur lesquelles avaient été grossiè-
rement gravées des figures de pois-
sons ; elles étaient de grès rougeâtre
dont il n'existe aucune carrière à
Martigny. Deux statues en bronze
avec une soucoupe (*patera*) de même
métal ont été découvertes, il y a
environ cinquante ans, dans un jardin potager. Parmi des pierres dé-
posées pour réparer le chemin vici-
nal allant à Frain, une, plane d'un
côté et convexe de l'autre, parfaitement arrondie, avec un trou carré
au milieu, faite d'une espèce de granit très-dur, a été reconnue venir
d'une quadrine ou *mola trusatilis*
des Romains. Son diamètre était de
trente et quelques centimètres.

Dans les pierriers situés à peu de
distance du chemin, on remarque
beaucoup de tuiles à rebords. Quant
aux poteries, on n'en trouve que
des fragments près de l'ancienne voie
romaine ; plusieurs sont d'une pâte

assez fine et d'une belle couleur rougeâtre.

Un souterrain voûté, découvert en 1814, s'étend entre l'église et la maison de cure, du levant au couchant; le fond est couvert d'une boue noire; on y voit plusieurs cabinets voûtés. Serait-ce un ancien therme ou un hypogée. Ces cabinets ou caveaux voûtés ne seraient-ils pas autant de chambres sépulcrales formant un *columbarium* des Romains? Ce souterrain ne serait-il pas aussi une dépendance d'une ancienne forteresse, et ne pourrait-il pas avoir servi à ravitailler la garnison, en cas de siége, et à protéger, au besoin, la fuite des assiégés.

Vers 1792 ou 93, en ouvrant une carrière sur la place, on a trouvé un cercueil de pierre renfermant un squelette d'une très-grande taille, ayant sous sa tête une plaque de plomb couverte de lettres ; à son côté reposait une épée entièrement oxydée. En exécutant divers travaux pour établir le bassin d'une fontaine sur la place, et en construisant une

maison voisine, on a trouvé des ossements humains avec des sabres,
piques, javelots, haches, grains de
collier, boucles en cuivre, agrafes et
crochets de même métal, ainsi qu'une
grande quantité de fer oxydé ; ces
débris donnent naturellement à pen-
ser qu'un combat ou un massacre
eut lieu sur ce terrain, d'autant plus
que les crânes offraient, pour la plupart, un trou au pariétal ou tempo-
ral droit et gauche, assez gros pour
y tourner facilement le doigt. On
prétend que, lors de l'enlèvement
des terres et de l'abaissement du
terrain pour paver une écurie en
face de la fontaine, on avait déjà
trouvé une telle quantité de crânes
qu'on les évaluait, pour le nombre,
à celui des pavés. Lors du rétablis-
sement des pressoirs banaux sur la
place de la commune, il y a environ
80 ans, on avait déjà exhumé une
grande quantité d'ossements ; d'autres ont aussi été trouvés isolément
dans les jardins et aux bords des
bois, en ouvrant des fossés.

Le vénérable curé de la paroisse

m'a souvent raconté ces faits, car,
lui-même a vu ce grand ossuaire ;
du reste, on lui donnait fréquemment, à l'offrande, des médailles ou
monnaies anciennes trouvées dans
les champs.

Il existe, dans un bois, quatorze
tumuli ou tombelles gauloises ; l'une
d'elles a été fouillée et l'on a trouvé, dans la terre qu'on en avait extraite, des fragments d'urnes ciné-
raires, des parcelles d'os et quelques
pierres ayant subi les atteintes du
feu. On prétend que, dans un bois
entre les communes de Crinvilliers
et de Suriauville, sur le bord du
chemin allant à Dombrot, on rencontre un très-grand nombre de ces
mêmes *tumuli*.

Suivant la tradition, lors de l'in-
vasion des Suédois, le village et un
moulin furent incendiés et la population forcée de s'enfuir dans les
bois ; on a trouvé, en effet, dans un
lieu voisin appelé *Fornard* par cor-
ruption de *Fort aux renards*, des us-
tensiles de cuisine, tels que pots,
grils, chaudrons, pelles à feu, etc.

Saint-Ouen. Son tronc, quoique co-
nique, n'est point caverneux, mais
l'on voit quelques branches sèches
sous son dôme immense.

C'était sous cet arbre que les par-
tisans lorrains se réunissaient, pendant le siége de La Mothe, pour
aller piller les villages de la fron-
tière française ou inquiéter les trou-
pes ennemies.

Il faut citer également les ruines
de *La Mothe*, ville au siége de laquelle l'on fit, pour la première fois,
usage de la bombe. — Elle fut prise,
en 1634, par le maréchal de la Force;
rendue au duc de Lorraine en 1641,
elle fut reprise par le maréchal de
Villeroi, et complétement rasée en
1645.

On trouve de nombreuses antiqui-
tés extraites de ses ruines chez les
paysans des villages environnants.

Il ne faut pas non plus négliger
de visiter les curieuses houillères
de *Norroy* et de *Crainvilliers*, situées
dans des vallons très-pittoresques ;
les gracieuses vallées de *Bonneval*,
où l'on trouve les ruines d'un ancien

prieuré détruit en 1794 ; de *Chèvre-Roche*, dont l'ermitage est célèbre par le séjour qu'y fit le cardinal de Retz pendant son exil ; les forges de la *Hutte* et de *Droiteval* ; les verreries et les tailleries de la *Planchette*, *Lahochère* et *Clairfontaine* ; enfin, le vallon, si ravissant, du *Saut de la Mule*, encaissé dans des roches élevées, bordé de belles forêts, et traversé par un gai ruisseau, riche en écrevisses.

On peut aller visiter le château de *Saint-Baslemont*, situé sur le versant d'un vaste plateau. Il fut assiégé par les Suédois en 1625 ; une partie du château subsiste encore, ainsi que deux grandes tours. Une terrasse spacieuse règne le long des fortifications.

Dans une forêt près de ce village, on voit les ruines d'un châtelet appelé les *Tours Séchelles*, que l'on fait remonter à l'époque gallo-romaine, qui servit ensuite de demeure aux Templiers et fut détruit par les Suédois.

On n'est pas loin du château de

Houécourt, château très-ancien, possédé autrefois par le maréchal Phi lippe-Emmanuel de Lignéville, en dernier lieu par le duc de Choiseul et actuellement par le duc de Marmier. Ancienne église ; chapelle castrale dans le caveau de laquelle sont déposés les restes du maréchal de Lignéville (1745), le cœur de la princesse de Craon, fille du marquis de Lignéville (1775), et enfin le duc de Choiseul, bienfaiteur de la contrée.

A quelques pas de l'établissement s'étendent les forêts de la Rozière, de Couche-Pied et du Fort-Renard; elles forment comme un parc immense, sous les ombrages duquel l'administration a permis de pratiquer des sentiers commodes, d'établir des bancs de repos; le promeneur, séduit par le charme de ces belles solitudes, retournera plus d'une fois sur les bords de la fontaine du Fort-Renard, de la Fontaine froide et de la Fontaine enfondrée, dont les eaux limpides et fraîches égaient la forêt.

Les amateurs d'excursions plus

lointaines graviront le mont Saint-Etienne, surmonté d'une chapelle et de ses deux tilleuls séculaires ; les bords de la source Saint-Jean, jaillissant au sommet, y invitent au repos ; l'horizon immense qui s'étend jusqu'aux montagnes de la Suisse, du Jura et des hautes Vosges, étale sous les yeux ravis un splendide panorama. L'ascension est facile : une heure suffit depuis Martigny pour atteindre le but.

Le Haut-Mont, plus rapproché encore, offre dans la direction opposée le même merveilleux spectacle.

HISTORIQUE

DES

SOURCES MINÉRALES DE MARTIGNY

Avant le captage distinct des deux sources, elles coulaient confondues : c'est dans cet état qu'elles ont été analysées, en 1858, par M. Ossian Henry, père, sur la demande du gouvernement; son rapport, fait au nom de l'Académie de Médecine, se trouve consigné dans le *Bulletin* de cette société savante, t. XXXIII, p. 581.

« D'après l'analyse, dit M. Ossian Henry, cette eau minérale est du genre de celles de Contrexéville et de Vittel, qui existent dans le même département; elle appartient à la classe des *Eaux salines sulfatées calcaires, sodiques et magnésiennes.*

« Elle est ainsi formée, savoir :

POUR 1000 GRAMMES

	Grammes.
Acide carbonique libre..............	Indices.
Bicarbonate de chaux	0,156
» de magnésie..............	0,170
» de soude...............	Très-peu.
Sulfates calculés à l'état anhydre........... { de chaux....	1,420
de magnésie .	0,330
de soude.....	0,230
Chlorure de sodium.................	0,110
» de potassium..............	0,010
Sesquioxyde de fer (crénate en partie). Alumine, Silice, Phosphate terreux. Principe arsénical, Matière organique de l'humus......................	0,170
	2.596

« En conséquence, Messieurs, nous avons l'honneur de vous proposer d'accorder l'autorisation d'exploiter l'eau minérale de Martigny au point de vue médical. »

Les conclusions de ce rapport sont mises aux voix et adoptées par l'Académie.

En effet, d'après ce rapport, l'Académie de médecine de Paris a adopté ces conclusions, et S. Exc. le ministre de l'agriculture, du commerce et des travaux publics a autorisé l'exploitation des eaux miné-

rales de Martigny par arrêté du 20
avril 1859.

L'analyse de M. O. Henry était
suffisante pour prouver l'analogie de
l'eau de Martigny avec celles de
Contrexéville et de Vittel et pour qu'on
pût l'administrer avec les mêmes
chances de succès dans toutes les affections qui réclament leur emploi;
cependant, on pouvait supposer que
l'analyse des deux sources non captées séparément avait pu fournir des
résultats inexacts, tout à fait indé-
pendants du talent ou de la volonté
du chimiste, car ces deux sources
étaient mélangées lors de la première analyse, et leur séparation par
le nouveau captage pouvait faire
découvrir dans chacune d'elles sinon des éléments différents, au moins
des proportions inhérentes à chacune
d'elles.

D'un autre côté, la première analyse avait été faite sur des eaux
transportées, et l'on sait à combien
d'erreurs expose cette méthode, qui
a le premier et grave inconvénient

de ne pas permettre d'apprécier les éléments gazeux.

Enfin, des essais avaient été entrepris avec l'eau minérale de Martigny, et on avait obtenu des résultats tellement surprenants, tellement accentués qu'on pouvait supposer qu'un ou plusieurs éléments chimiques très-importants avaient échappé à la première analyse.

Les deux sources furent donc captées isolément, et M. le professeur Jacquemin (de Strasbourg) procéda à une nouvelle analyse, en se rendant sur les lieux-mêmes.

La découverte de la lithine dans l'eau minérale de Martigny devint alors un témoignage irrécusable en faveur des cures qu'on avait déjà obtenues, et démontra ainsi la véritable raison de la supériorité manifeste de cette eau sur les eaux similaires.

C'était un fait d'une telle importance que M. le professeur Jacquemin crut devoir reprendre ses analyses, afin de bien contrôler ce précieux agent.

Voici les derniers résultats auxquels il est arrivé :

Nouvel examen des eaux minérales de Martigny-lès-Bains, par M. le professeur Jacquemin.

Transformation des premiers résultats des eaux de la source n° 1.

Acide carbonique libre		traces.
	de lithine	0 gr. 0193
Bicarbonates calculés	de soude	0 0168
d'après la formule	de magnésie	0 1772
C²HMO⁶	de chaux	0 1700
	de fer	0 0098
Silicate de soude		0 0532
» de chaux		0 0029
Phosphate de chaux		0 0028
Sulfate de lithine		0 0078
» de soude		0 2299
» de magnésie		0 3300
» de chaux		1 4145
Chlorure de lithium		0 0120
» de sodium		0 0650
» de potassium		0 0090
» de magnésium		0 0131
» de calcium		0 0078
Traces de fluor, de crénate de fer, d'arséniate de fer, alumine, matière organique		0 1156
TOTAL		2 gr. 6570

Modifications apportées par la chaleur, à la suite de l'évaporation de 100 litres de la source n° 1.

1° Une partie des principes minéralisateurs disparaît :

Dégagement de la moitié de l'acide carbonique des bicarbonates	11 gr. 35
Perte de l'eau de combinaison des bicarbonates	4 65
TOTAL de la partie disparue	16 gr. 00

2° Une partie des principes minéralisateurs devient insoluble.

Carbonate de chaux................	11 gr. 50
» de magnésie..............	11 35
Phosphate de chaux................	0 28
Silicate de chaux	5 40
Sulfate de chaux..................	136 28
Oxyde ferrique...................	1 45
» aluminique..............	1 84
Traces de fluor, d'arsenic, etc., et perte	4 40
Total de la partie insoluble...	172 gr. 50

3° Une partie des principes minéralisateurs reste insoluble.

Sulfate de lithine	2 gr. 36
» de soude..................	26 31
» de magnésie..............	33 00
Chlorure de lithium...............	1 20
» de sodium	8 98
» de potassium.............	0 90
Matière organique et perte.........	4 42
Total de la partie soluble....	77 gr. 20

Somme des principaux minéraux contenus dans 100 litres d'eau.. 265 gr. 70

Par l'évaporation :

Poids de la partie disparue..	16	00
Poids de la partie insoluble..	172	50
Poids de la partie soluble...	77	20
Somme égale........	265 gr. 70	

Analyse d'un dépôt ocreux des eaux d'écoulement des sources de Martigny (source n° 2).

Séché à l'air libre, ce dépôt renferme :

Humidité............................	11 gr. 19
Carbonate de chaux................	16 88
» de magnésie..............	6 04
A reporter.....	34 gr. 11

Report........ 3 gr. 11

Oxyde ferrique renfermant de l'arséniate
ferrique...................... 48 05
Matière organique 3 76
Résidu insoluble à froid dans l'acide
chlorhydrique, silice, etc............ 13 11
Traces de manganèse et perte......... 0 34

TOTAL................ 100 gr. 00

OBSERVATIONS GÉNÉRALES.

Les sels de lithine de l'eau minérale de Martigny, source n° 1, correspondent :

à 0 gr. 030 de chlorure de lithium.
Ou à 0   026 de carbonate neutre de lithine.

forme sous laquelle on administre habituellement cette substance dans le traitement de la GOUTTE et du *rhumatisme goutteux.*

Des Eaux-mères, sels et dépôts ocreux des sources minérales de Martigny-lès-Bains.

Les sources minérales de Martigny sont au nombre de trois ; deux seulement ont été jusqu'ici captées. Les dernières analyses de M. le professeur Jacquemin ont fait ressortir plus nettement que les analyses d'Ossian Henry les nuances qui différencient ces deux sources. La première, dont je dirai qu'elle

est la véritable source des *goutteux*
et des *graveleux*, est caractérisée par
la présence de la *lithine* dans une
proportion beaucoup plus forte que
dans la deuxième.

Les *bicarbonates alcalins* ainsi que
les *silicates* y sont également en
quantité prépondérante et constituent ainsi une somme d'éléments
éminemment résolutifs et fondants.

La deuxième est caractérisée par
la présence des *sels de fer*, de *manganèse* et de *magnésie*, dont le chiffre est bien plus élevé que dans la
première et par les *chlorures alcalins*
et les *phosphates*, c'est-à-dire par
une somme importante d'éléments
reconstituants et réparateurs.

C'est la véritable source des *chlorotiques*, des *anémiques* et des *gastralgiques* (1).

Il semble que la nature qui est
bien, qu'on me passe l'expression,
le plus admirable et le plus complet
des *pharmaciens*, ait voulu, par cette
heureuse disposition et cette savante
répartition, nettement indiquer le
rôle dévolu à chacune de nos naïades.

On sait que les préparations martiales de nos officines, employées contre la chlorose et l'anémie, sont, à la longue, très-échauffantes, et qu'on doit, à des intervalles réitérés, en suspendre l'usage, si l'on ne veut augmenter les accidents mêmes que l'on voulait combattre.

Le fer, tel qu'il se présente dans nos eaux minérales de Martigny, est à l'abri de ce reproche, car il est associé à des éléments tempérants et laxatifs, tels que les sels de soude et de magnésie.

« Si l'on choisit, dit Garrod, des eaux minérales et puissantes telles que Vichy et Carlsbad dans le traitement de la goutte, on voit l'économie s'appauvrir et le mal faire des progrès. Il est donc impossible de retirer aucun avantage d'un pareil traitement.

« Les eaux minérales les plus utiles sont celles qui ont la propriété de donner du ton à l'organisme. »

En résumé, nous trouvons les mêmes éléments dans l'une et l'autre

de nos sources ; les quantités seules
diffèrent.

— N'y a-t-il point là une admirable
prévision de la nature ?

La source n° 1 est, avant tout,
fondante et désobstruante, et comme
telle, très-active ; mais elle renferme
une portion suffisante d'éléments
fortifiants pour combattre ce qu'il
pourrait y avoir de trop accentué
dans ses effets dépressifs.

De même, dans la source n° 2 se
trouvent, comme je viens de le dire,
à côté d'éléments reconstituants également très-actifs, des agents tempérants, rafrîchissants et, en petite
quantité, les éléments alcalins, c'est-
à-dire fondants, de la première
source (1).

Une composition aussi variée,

---

(1) C'est M. le docteur A. Robert (de Strasbourg)
qui, le premier, a formulé nettement les indications
physiologiques et thérapeutiques de l'eau minérale
de Martigny.

Une pratique de trois années à cette station m'a
donné des résultats qui confirment les idées théo-
riques et les prévisions de mon éminent maître ;
aussi, ai-je puisé largement à son travail, dont les
éléments se trouvent reproduits en entier dans
beaucoup de parties du mien.

mais aussi bien équilibrée dans sa variété que celle de nos sources pouvait et devait être utilisée de différentes manières.

« Je me suis rappelé la pratique thermale des médecins allemands, et j'ai songé à mettre en usage, à Martigny, les procédés que j'avais vu employer à Marienbad, Carlsbad, Tœplitz, etc.,

« Mon affectionné et savant maître, M. le professeur Jacquemin, m'a conseillé d'utiliser de la manière suivante les produits de nos sources minérales, produits qui, dans beaucoup de cas, deviendront un puissant auxiliaire, soit en abrégeant la durée du traitement, soit en triomphant de cas réfractaires à l'action de l'eau minérale simple, soit enfin en permettant, sous des formes commodes et variées, la continuation du traitement à domicile, surtout pendant le cours de la mauvaise saison.

« 1° Une *Eau minérale purgative sulfatée sodique et magnésienne*, pro-

venant de la concentration des eaux
minérales de Martigny.

En effet, un hectolitre d'eau minérale fournira, par évaporation, 10
litres d'une eau renfermant 7 à 8
grammes de principes salins purga-
tifs par litre (1).

Cette eau minérale à laquelle je
donne le nom impropre d'*Eaux-mères*, permettra le traitement des affections qui nécessitent l'emploi des
eaux salines purgatives : maladies
de l'estomac, du foie, des viscères
abdominaux en général, des affections des organes respiratoires, suite
d'inflammation, états apoplectiques,
congestions diverses, etc., etc. (2).

(1) Les derniers travaux analytiques de M. Jacquemin donnent la composition du produit obtenu
dans les conditions du travail rigoureux de laboratoire. Ce poids de principes solubles s'augmente,
dans la pratique, d'environ 1 gr. 50 de sulfate de
chaux, ce qui porte le total des substantes minérales à 9 gr. par litre.

(2) « Cette eau minérale purgative, dit M. le professeur Jacquemin, représentera presque mathéma-
tiquement l'eau de PULNA au dixième, de sorte qu'il
serait très-aisé, par de légères additions, d'avoir
un produit n° 1 aussi concentré que PULNA, et un
produit n° 2 au dixième, qui sera plus convenable
pour certains tempéraments. »

2° Une *Eau minérale gazeuse li-thinée* contre la goutte, rhumatisme goutteux, gravelle, etc.

Cette eau gazeuse, plus active que l'eau naturelle, plus agréable et mieux tolérée par les estomacs affaiblis, pourra se prescrire dans les cas spéciaux à l'établissement même, mais surtout pour le traitement à domicile, loin de la source.

3° Des *Tablettes ferrugineuses*, composées avec le dépôt ocreux des sources séché à l'air et épuré.

Contre la chlorose et l'anémie.

4° Des tablettes *lithinées*, composées avec la lithine extraite de nos sources.

Contre la goutte et la gravelle.

5° Un *Sirop au citrate acide de lithine*.

On pourra, à l'aide de cette préparation, continuer le traitement à domicile, ou même l'entreprendre de toutes pièces chez les malades qui ne peuvent se rendre aux sources.

6° Une *Limonade au citrate de li-thine.*

Cette préparation sera prescrite sur place, dans les cas graves où il importe d'amener rapidement la résolution des *tophus*, par exemple.

Si l'on se rappelle que des essais de traitement des affections rhumatismales par l'acide citrique ont donné de bons résultats, on trouvera justifiée l'association de l'acide citrique avec les produits de nos eaux minérales de Martigny.

« Je donne, dit le professeur Garrod, les sels en dissolution très-étendue soit dans une très-grande quantité d'eau pure, soit, ce qui vaut mieux, dans de l'eau gazeuse, de manière à obtenir une *Eau lithique* correspondant à l'eau alcaline ordinaire (*Soda-Water*), ayant toutefois une plus grande puissance.

« Si j'ai besoin d'une plus grande quantité d'alcali, j'associe au carbonate lithique du carbonate, ou mieux, du *citrate* de potasse dans de l'eau gazeuse. »

13

CLIMATOLOGIE

J'ai déjà touché ce sujet dans le cours de cet ouvrage.

J'ajouterai que le site de Martigny est des plus heureux et des plus beaux, condition favorable qui facilite encore le traitement :

« Quand vous allez aux eaux minérales, disait Alibert, faites comme si vous entriez dans le temple d'Esculape; laissez à la porte les tourments qui ont assailli votre esprit et les passions qui ont agité votre âme. »

La disposition des vallées de cette région des Vosges est partout identique ; elles sont légèrement ondulées, à stratifications parallèles et concordantes, séparées par des collines d'alluvion symétriques et disposées aussi suivant le même parallélisme; les collines sont à pente douce, leur versant couvert de vi-

gnobles réputés et de riches cultures,
et les sommets revêtus de plantureuses forêts.

Le grand vallon au centre duquel
est situé Martigny n'est pas encaissé
comme quelques-uns de ses congé-
nères; il est élevé et forme un véritable plateau évasé, bien aéré, et
garanti de toutes parts contre les
vents et les variations trop brusques
de température par une chaîne de
côtes et de collines.

Ici donc, pas d'humidité, pas de
ces vapeurs épaisses, pas de ces bru-
mes condensées qui, le soir, laissent
sur les vêtements la trace de leur
rhumatismale et malsaine influence.

Ce beau et riche vallon, au centre
duquel se trouve Martigny, est traversé par la rivière poissonneuse du
Mouzon, il est admirablement cultivé
et fertile en produits variés et exquis;
il est surtout émaillé de verdoyantes
prairies qui sont autant de pâtura-
ges excellents (1).

(1) Aussi songé-je à créer, dès que je serai se-
condé dans cette idée, des *cures de petit lait* à Martigny, cures que l'on va faire à grands frais en

Dans un pays aussi favorisé de la nature (1), la longévité est commune et le bien-être considérable et général. Les lois de l'hygiène y sont d'une observance facile, et, comme

Allemagne et en Suisse; je proposerai également la création d'une *annexe hydrothérapique* à laquelle servira merveilleusement notre 3ᵉ source (source savonneuse).

En un mot, je rêve pour Martigny les ressources multiples et variées que l'on ne rencontre guère que dans les établissements d'Allemagne devant lesquels on a le tort de rester en admiration platonique; cherchons plutôt à les suivre dans ce qu'ils ont de bon et d'utile, tout en les frappant d'ostracisme, et *restons chez nous.*

Je rêve donc de faire de Martigny la station sanitaire la plus complète de France, et sans rivalité possible.

(1) Il est d'une étonnante richesse en eaux minérales, et je doute fort qu'il y ait ailleurs en France, en Allemagne même, de région aussi favorisée sous ce rapport.

C'est à ce point que les *anciens* du village de Martigny ont gardé la conviction que Martigny reposait sur une grande nappe d'eau, une sorte de lac souterrain.

On est venu, à différentes reprises, m'apporter des échantillons d'eau *soi-disant* minérale.

Je me rappelle entre autres, avoir analysé sommairement une *eau sulfureuse* provenant de la forêt de Villotte, et qui m'a paru remarquable par la grande fixité de ses éléments; une *eau saline* dans le genre de celle de Niederbronn, qui m'a donné, comme cette dernière, 4,5 d'éléments solubles. Elle avait la réputation d'être très-purgative. (C'est peut-être l'examen de cette eau qui m'a donné la première idée de mes *eaux concentrées* de Martigny;

je l'ai dit, outre ses admirables ressources, Martigny est une véritable
station climatérique.

Aujourd'hui que la station de
Martigny se trouve affranchie des
mains d'une administration inepte
et d'une moralité douteuse, et qu'elle
se trouve enfin entre celles d'une
nouvelle société honnête, intelli-
gente et pleine d'activité, je ne crains
pas de lui prédire de brillantes destinées; je ne crains plus, aujourd'hui
que cette affaire a revêtu sa *robe
virile,* si je puis dire, et dépouillé sa
vieille enveloppe, de la recommander au bienveillant patronage du
corps médical, et d'y appeler les malades et les touristes.

M. le professeur Jacquemin, en me conseillant d'u-
tiliser seulement les éléments solubles de cette eau,
a rendu mon idée beaucoup plus pratique, et même
a ainsi constitué une *eau-mère* tout-à-fait purgative,
et dont la somme d'éléments solubles est vingt fois
celle de Niederbronn.)

J'ai encore, dans mon laboratoire de Martigny,
des précipités obtenus sur une *eau ferrugineuse* provenant d'une cave de Lamarche; cette eau, d'une
richesse extraordinaire en sels de fer, paraissait
malheureusement de facile altération et de rapide
décomposition à l'air; fait assez remarquable, elle
n'était point gazeuse, et ne paraissait pas contenir
trace d'acide carbonique libre.

BIBLIOGRAPHIE

C'est à M. le D' Aimé Robert (de Strasbourg), un des spécialistes les plus distingués, un des maîtres en hydrologie, que revient l'honneur d'avoir mis en relief les qualités des eaux minérales de Martigny (1).

En fondant le premier journal d'hydrologie connu en France (2), il a vulgarisé cette science, encore à l'état naissant, chez nous.

C'est lui qui a, le premier, fait ressortir les éléments de supériorité des stations vosgiennes (3) ; ce sont ses idées à cet égard que j'ai reproduites textuellement dans un

(1) *Notice sur l'eau sulfat. calc. de Martigny*; Strasbourg, 1860.

(2) *Revue d'hydrologie médicale franç. et étrang.*, et *Clinique des maladies chroniques*; Strasbourg.

(3) *Guide du médec. et du touriste aux bains de la vallée du Rhin et des Vosges*; 2° édit.; Strasbourg, 1869.

feuilleton de la *France médicale* (juillet 1871); c'est à ses éminents travaux que j'ai puisé les éléments de cet opuscule; je ne fais donc que le reproduire, car il est le véritable fondateur de la station hydro-minérale de Martigny-les-Bains.

J'ai d'autant plus à cœur de rendre cet hommage public à ce maître vénéré que j'ai été guidé par lui dans mes premières études d'hydrologie, et que je lui dois le peu que je sais.

Aujourd'hui qu'il est séparé de nous par l'annexion si cruelle de sa mère-patrie, l'Alsace, nous devons lui montrer que nous continuons à vivre avec lui de cette vie intellectuelle et morale où il s'est acquis une place si belle et si méritée.

Les autres publications sur Martigny sont :

HENRY (O.), **Analyse de l'eau de Martigny,** (*Bulletin Acad. méd.*, t. XXXIII). Paris, 1858.

DURAND-FARDEL, LEBRET, LEFORT et JULES FRANÇOIS, **Dictionnaire des Eaux minérales;** Paris, 1859.

Jacquemin (professeur), **Analyse de l'eau minérale de Martigny**; Strasbourg, 1869.

James (docteur Constantin), **Guide aux eaux minérales, etc.**; 7ᵉ édit; Paris, 1869.

Busz (docteur), **Les eaux lithinées de Martigny**; Paris, 1869.

Jacquemin (professeur), **Analyse des eaux minérales de Martigny-lès-Bains (Vosges)**; Paris, 1872.

Articles divers in *Gazette des Eaux*. — *Monde thermal* — Journaux politiques — Annuaires scientifiques — Revues médicales — *Guides* Joanne, Conty. — Statistique du département des Vosges.

TABLE DES MATIÈRES

Avant-propos.. IX

PREMIÈRE PARTIE.

Les eaux minérales du bassin des Vosges.... 5
Les eaux minérales lithinées de Martigny-lès-
Bains.................................. 23
Analyse des eaux minérales lithinées de Mar-
tigny-lès-Bains............................ 24
Tableau comparatif des sources à lithine en
France et en Allemagne.................. 49
Annotations du tableau.................... 55
Appendice au tableau.................... 57
Des effets physiologiques et thérapeutiques de
l'eau minérale lithinée de Martigny-lès-
Bains.................................. 61
Notes.................................. 129
Saison thermale.......................... 129
Eau minérale transportée.................. 130
Géologie des sources minérales de Martigny-
lès-Bains.............................. 137
Mode d'administration des eaux minérales de
Martigny-lès-Bains...................... 143
Source savonneuse de Martigny-lès-Bains.... 145
Tableaux analytiques...................... 147
Des effets de l'eau minérale lithinée de Mar-
tigny-lès-Bains sur la sécrétion urinaire.. 147
Des effets de l'eau minérale lithinée de Mar-
tigny-lès-Bains sur les principaux éléments
constitutifs de l'urine.................... 148
Des effets comparatifs de l'eau alcaline sim-
ple, ou bicarbonatée potassique et sodique

sur la sécrétion urinaire et sur l'élimination de l'urée............................... 151

DEUXIÈME PARTIE

Historique de Martigny-lès-Bains.......... 167
Historique des sources minérales de Marti-
gny-lès-Bains........................ 180
Nouvel examen des eaux minérales de Mar-
tigny-lès-Bains, par le professeur Jacque-
min................................. 181
Des Eaux-mères, sels et dépôts ocreux des
sources minérales de Martigny-lès-Bains... 186
Climatologie............................. 194
Bibliographie............................ 198

TABLE................................... 201

FIN

Epinal. — Imprimerie FRICOTEL.